MCS-51单片机系统的应用与实践

主　编　方　玮
副主编　李　敏　宋艳丽　杨宇宁

中国水利水电出版社
www.waterpub.com.cn

内 容 提 要

《MCS-51单片机系统的应用与实践》是工科电类专业一门很重要的专业课，把汇编语言知识、微机接口知识、通信技术知识等综合在一起，属于技术性、工程性、实践性很强的一门课程。本书根据职业技术教育的要求和学生特点，将“基于工作任务导向”、“突出技能应用”的理念贯穿其中，以机器人为载体，使学生在开发机器人的过程中学习和掌握单片机的基本原理和开发技能。

本书可作为高职高专应用电子技术、机电一体化技术、电气自动化技术等专业的教材，也可作为从事单片机应用的工程技术人员的培训教材或参考书。

图书在版编目（CIP）数据

MCS-51单片机系统的应用与实践 / 方玮主编. -- 北京 : 中国水利水电出版社, 2010.9
ISBN 978-7-5084-7922-4

Ⅰ. ①M… Ⅱ. ①方… Ⅲ. ①单片微型计算机 Ⅳ. ①TP368.1

中国版本图书馆CIP数据核字(2010)第181406号

书　　名	**MCS-51 单片机系统的应用与实践**
作　　者	主编　方　玮　　副主编　李　敏　宋艳丽　杨宇宁
出版发行	中国水利水电出版社 （北京市海淀区玉渊潭南路1号D座　100038） 网址：www.waterpub.com.cn E-mail：sales@waterpub.com.cn 电话：（010）68367658（营销中心）
经　　售	北京科水图书销售中心（零售） 电话：（010）88383994、63202643 全国各地新华书店和相关出版物销售网点
排　　版	中国水利水电出版社微机排版中心
印　　刷	北京纪元彩艺印刷有限公司
规　　格	184mm×260mm　16开本　12.25印张　290千字
版　　次	2010年9月第1版　2011年1月第2次印刷
印　　数	3001—6000册
定　　价	**23.00**元

前　　言

《MCS－51 单片机系统的应用与实践》是工科电类专业一门很重要的专业课，把汇编语言知识、微机接口知识、通信技术知识等综合在一起，属于技术性、工程性、实践性很强的一门课程。本书根据职业技术教育的要求和学生特点，将“基于工作任务导向”、“突出技能应用”的理念贯穿其中，以机器人为载体，使学生在开发机器人的过程中学习和掌握单片机的基本原理和开发技能。

与同类单片机书籍比较，本书具有以下特点。

（1）本书以培养学生的职业能力为主线，适应理论实践一体化教学的需要，符合高职高专课程建设与改革的要求。

（2）本书以机器人为控制对象，寓教于乐，兴趣为先。改变传统的单片机学习先讲理论再做实验的教学模式，将知识融入到每一个项目中，教、学、做合一。

（3）本书把硬件制作、软件设计贯穿始终，培养学生实际工程能力。

书中“学生实践”部分是要求学生动手组装，可以由教师根据课时要求选做。

本书由黄冈职业技术学院方玮副教授担任主编，黄冈职业技术学院李敏、宋艳丽和杨宇宁担任副主编。本书项目 1、项目 2、项目 8 由方玮编写，项目 3、项目 4 由李敏编写，项目 5、项目 6 由宋艳丽编写，项目 7、附录由杨宇宁编写，全书由方玮负责整理、统稿。在本书编写过程中，得到了许多专家和同行的大力支持和帮助，在此一并表示衷心的感谢。

由于时间仓促和水平有限，书中难免存在错误和不妥之处，恳请广大读者批评指正。

编者

2011 年 1 月

目 录

项目1　机器人系统的构建与调试

项目目标

知识目标：①了解什么是单片机；②熟悉单片机的应用；③熟悉单片机的内外部结构。

能力目标：①具备电路制作的能力；②具备机器人系统硬件拆装的能力；③初步具备整机调试的能力。

素质目标：①培养学生具有良好的职业道德和敬业精神；②培养学生的自学能力、团队协作精神；③培养学生的计划组织能力。

工作任务（载体）

任务1　构建机器人工作环境、认识机器人的“大脑”

任务2　机器人“大脑”主控电路的构建与调试

任务3　机器人系统硬件拆装

任务4　电机调试

任务5　学生实践

任务1　构建机器人工作环境、认识机器人的“大脑”

一、任务描述

（1）本任务主要介绍以单片机为“大脑”的机器人系统的硬件和软件工作环境的构建。

（2）本任务所需的元器件：计算机或者笔记本电脑1台，机器人车体及系统板1套，串口电缆1根，ISP下载线1根。

（3）计算机系统需求：

1）Win98及以上操作系统，可运行Keil uVision2（V2.38a）编辑器软件。

2）一个并行口（用来下载程序）。

3）一个串行口或USB转串口连接线（用来与用户交互）。

二、知识点归纳与讲解

（一）单片机概述

单片机体积微小，成本极低，可广泛地嵌入到各种小型产品中，已成为现代电子系统中最重要的智能化工具。目前世界各类单片机年产高达100亿片，我国年需求量约为12亿片。

1. 微型计算机的产生

从计算机的元器件集成程度来看，至今已经历了电子管、晶体管、大规模集成电路及超大规模集成电路等四代，人类正积极探索研制以人工智能为主要特征的第五代计算机。

微型计算机（Micro Computer）诞生于20世纪70年代初，是第四代计算机的重要分支，其核心部件CPU利用超大规模集成电路工艺将运算器与控制器集成在一片芯片上，而其他类型计算机的CPU则是由很多分立元器件电路或集成电路所组成。

2. 微型计算机的组成

微型计算机系列很多，其内部结构不完全相同，但不论是何种档次、系列型号，均是由初级计算机发展而来的，其内部基本部件及工作过程仍然十分相似。

微型计算机硬件系统通常由微处理器、存储器及输入/输出（Input/Output，简称I/O)接口电路及必要的外围设备等组成，通过系统总线有机地连接在一起，并通过I/O接口与外围设备及外围芯片相连。

微型计算机系统由硬件系统和软件系统两大部分组成，两者相辅相成、缺一不可，微型计算机系统组成示意图如图1-1所示。

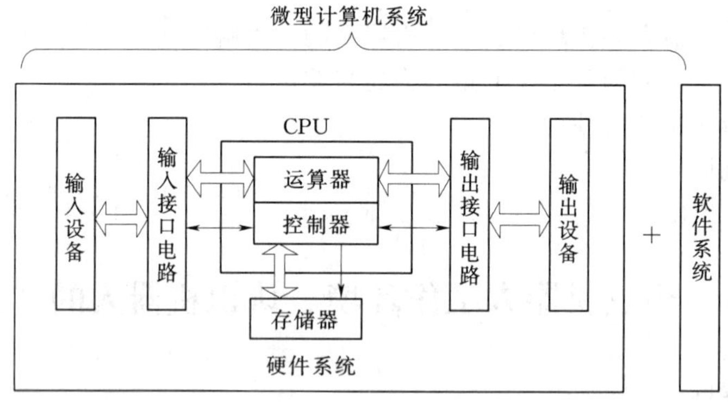

图1-1　微型计算机系统组成示意图

3. 单片机的概念

在单片机诞生之前，为满足工业控制对象的嵌入式应用要求，只能将通用计算机进行机械加固、电气加固后嵌入到对象体系（如舰船、航天器等）中构成控制系统等。通用计算机体积巨大且成本高昂，无法嵌入到大多数对象体系（如家用电器、汽车、机器人、仪器仪表等）中，因此在通用微型计算机基础之上发展了单片机，如今单片机已成为现代微型计算机的一个独特而又重要的应用分支。

单片机是将CPU、存储器、定时/计数器、I/O接口电路和必要的外部设备（简称外设）集成在一块芯片上，构成的一个既小巧又完善的计算机硬件系统，可实现微型计算机的基本功能。因此早期称其为单片微型计算机（Single Chip Microcomputer，简称SCM），简称单片机。单片机体积很小，其构成情况及典型外形如图1-2所示，图1-2（b）为Atmel公司的AT89 S51实物图。

图 1-2 单片机构成情况及典型外形图
(a) 构成情况；(b) AT89S51 实物

随着科学技术的发展，单片机芯片内扩展了各种控制功能，现今的单片机集成了许多面向测控对象的接口电路，已经突破了微型计算机的传统内容，SCM 已不能准确表达其内涵，国际上逐渐采用微控制器（Micro Controller Unit，简称 MCU）来代替。因为在国内“单片机”一词已约定俗成，故可继续沿用。

4. 单片机与通用微型计算机 CPU 的区别

两者结构基本相同，但单片机的 CPU 增设了“面向控制”的处理功能，增强了实时控制性。主要区别如下。

（1）通用的微型计算机 CPU 主要发展超强运算速度和强大的数据处理能力，如 Intel 公司目前的“酷睿 2”微处理器，已将四片时钟频率高达 2.53GHz 的可协同并行运行的 CPU 核心模块集成于一片芯片内。通用的微型计算机 CPU 价格较高，体积较大，功耗也很高。

（2）单片机主要用于控制领域，也发展了 16 位、32 位等机型，但发展方向是高可靠性、抗干扰、低功耗、低电压、低噪声和低成本。单片机芯片在没有被使用者开发前，只是一片集成电路，如对其进行应用开发，便可成为一个小型的微机控制系统。

5. 单片机的性能特点

（1）体积小。单片机集成度很高，体积非常小，可非常方便地嵌入到各种应用场合。例如 PIC12C508 型单片机只有一粒纽扣大小，仅有 8 根引脚。

（2）可靠性。高（2）芯片本身是按工业测控环境要求设计的，内部布线很短，其抗工业干扰功能明显优于通用 CPU。程序指令、常数及表格数据等可固化在 ROM 中，不易被破坏。

（3）控制功能强。单片机的指令系统有极丰富的条件及分支转移能力、I/O 接口的逻辑操作及位处理能力，适用于专门的控制功能。

（4）易于扩展。芯片内具有计算机正常运行所必需的部件，芯片外部有许多供扩展用的三总线及并行、串行 I/O 口，很容易构成各种规模的计算机应用系统。

（5）低电压、低功耗。单片机广泛应用于便携式产品和家电消费类产品，对于此类产品，低电压、低功耗尤为重要。许多单片机可在 2.2V 电压以下工作，目前 0.8V 供电的单片机已问世，一粒纽扣电池就可使单片机长期运行。

（6）性能价格比优异。由于单片机的广泛使用，销量极大，各大公司的商业竞争激烈，使其价格相对较低，性能价格比优异。

（二）单片机的发展历史

1971年美国Intel公司生产出了4位单片机4004，其特点是结构简单，但功能单一、控制能力较弱；1974年美国Fairchild公司研制出第一台8位单片机F8；1976年9月Intel公司推出了MCS-48系列单片机，成为单片机发展进程中的一个重要阶段。这就是第一代单片机，之后各公司竞相推出自己的单片机。单片机发展大体可分为如下几个阶段。

（1）低性能8位单片机阶段。约为1976～1978年，以Intel公司的MCS-48系列单片机为代表，一片芯片内包含了一个8位的CPU、定时/计数器、并行I/O接口、ROM和RAM等，主要用于工业控制领域。

（2）高性能8位单片机阶段。约为1978～1982年，1978年Motorola公司推出M6800系列单片机，Zilog公司推出Z8系列单片机。1980年Intel公司推出了高性能的MCS-51系列单片机，并成为此时期的代表机型，属于高性能的8位单片机，迅速得到了推广应用。这个阶段的单片机配置了完美的外部并行总线和串行通信接口，规范了特殊功能寄存器的控制模式，增强了指令系统，为发展具有良好兼容性的新一代单片机奠定了良好的基础。

（3）8位单片机提高及16位单片机推出阶段。约为1982～1990年，8位机以MCS-51系列单片机为代表，同时16位单片机也有很大发展，如Intel公司的MCS-96系列单片机。

（4）单片机全面发展阶段。约为1990年至现在，目前单片机正朝着多品种、高速、强运算能力、大寻址范围以及小型廉价方向发展。当今产品众多，一定时期内将不存在某个单片机一统天下的垄断局面，走的是依存互补、相辅相成、共同发展的道路。此外，32位单片机在复杂控制领域也已进入实用阶段。

这期间世界各大半导体公司相继开发了功能更为强大的单片机，例如美国Microchip公司研制出了一种完全不兼容传统MCS-51系列的新一代PIC系列单片机，该单片机只有33条精简指令集（RISC），使人们从Intel的111条复杂指令集中走出来。

（三）单片机的发展趋势

（1）低功耗，CMOS化。单片机基本都采用了CMOS互补金属氧化物半导体工艺，其特点是功耗低。而CHMOS工艺是CMOS和HMOS（高密度、高速度MOS）工艺的结合，同时具备了高速和低功耗的特点。

（2）低噪声与高可靠性。为提高单片机的抗电磁干扰能力，使产品能适应恶劣的工作环境，满足电磁兼容性方面更高标准的要求，各单片机厂家在单片机内部电路中都采取了新的技术措施。

（3）存储器大容量化。运用新的工艺可使内部存储器大容量化，得以存储较大型的应用程序，这样可适应一些复杂控制的要求。当今单片机的寻址能力早已突破早期的64KB限制，内部ROM容量可达62MB，RAM容量可达2MB，今后还将继续扩大。

（4）高性能化。高性能化主要是指进一步改进CPU的性能，加快指令运算的速度和提高系统控制的可靠性。采用精简指令集结构和流水线技术，可以大幅度提高运行速度，并加强了位处理功能、中断和定时控制功能。这类单片机的运算速度比标准的单片机高出10倍以上。由于这类单片机有极高的指令速度，就可以用软件模拟硬件输入、输出功能，由此引入了虚拟外设的新概念。

(5) 外围电路内装化。为适应更高要求的检测、控制，现今增强型的单片机集成了模/数转换器、数/模转换器、PWM（脉宽调制电路）、WTD（看门狗）以及LCD（液晶）驱动电路等。生产厂家还可根据用户要求量身定做单片机芯片。此外许多单片机都具有多种微型化的封装形式。

(6) 增强I/O及扩展功能。大多数单片机I/O引脚输出的都是微弱电信号，驱动能力较弱，需增加外部驱动电路以驱动外围设备，现在有些单片机可以直接输出大电流和高电压，不需额外驱动模块即可驱动外围设备。另外还出现了很多高速I/O接口的单片机，能更快地触发外围设备，也能更快地读取外部数据。扩展方式从并行总线发展到各种串行总线，从而减少了单片机引线，降低了成本。

(四) 单片机的应用

与个人计算机、笔记本电脑相比，单片机的功能是很小的。但实际生活中并不是任何需要计算机的场合都要求计算机有很高的性能，比如空调温度的控制、冰箱温度的控制等都不必要使用很复杂、很高级的计算机。应用的关键是看是否够用，是否有很好的性价比。

工程规范提示：性价比

从工程设计方面来讲，生产厂家更关注产品在性能良好前提下的成本。产品性能非常好，但成本太高，对销售来说很有难度。所以厂家对产品的性能—价格比例希望越高越好。

单片机凭借体积小、质量轻、价格便宜等优势，已经渗透到人们生活的各个领域，如导弹的导航装置、飞机上各种仪表的控制、工业自动化过程的实时控制和数据处理、广泛使用的各种智能IC卡、民用轿车的安全保障系统、摄像机、全自动洗衣机、程控玩具、电子宠物等。更不用说自动控制领域的机器人、智能仪表、医疗器械了。单片机的应用见图1-3。

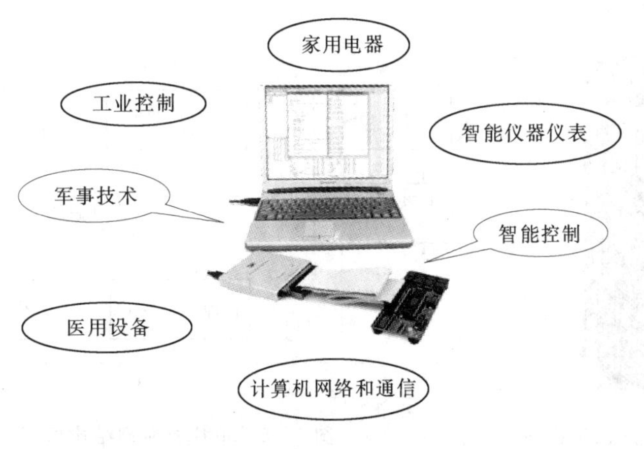

图1-3　单片机的应用

(1) 日常生活及家电领域。目前各种家用电器已普遍采用单片机控制取代传统的控制电路，如洗衣机、电冰箱、空调机、微波炉、电饭煲及其他视频音像设备的控制器、视听大屏幕显示、各类信号指示、各类充放电设备、手机通信、电子玩具、信用卡、智能楼宇及防盗系统等。

(2) 办公自动化领域。现代办公室中所使用的大量通信信息产品多数都采用了单片机，如通用计算机系统中的键盘译码、磁盘驱动、打印机、绘图仪、复印机、电话、传真机及考勤机等。

(3) 商业营销领域。如广泛使用的电子秤、收款机二条形码阅读器、仓储安全监测系统、商场保安系统、空气调节系统及冷冻保鲜系统等。

(4) 工业自动化。在通用工业控制中，单片机可用于各种机床控制、电机控制，还可用于工业机器人、各种生产线、各种过程控制及各种检测系统等；在军事工业中，单片机可用于导弹控制、鱼雷制导控制、智能武器装置及航天导航系统等。

(5) 智能仪器仪表。采用单片机控制使仪器仪表数字化、智能化、微型化，结合不同类型的传感器可实现如电压、频率、湿度和温度等诸多物理量的测量。

(6) 集成智能传感器的测控系统。单片机与传感器相结合可以构成新一代的智能传感器，可将传感器初级变换后的电量作进一步的变换、处理，输出能满足远距离传送、能与微机接口的数字信号。如压力传感器与单片机集成在一起的微小型压力传感器可随钻机送至井下，以报告井底的压力状况。

(7) 汽车电子与航空航天电子系统。在汽车工业中，可用于点火控制、变速器控制、防滑刹车控制、排气控制及自动驾驶系统等；在航空航天中，可用于集中显示系统、动力监测控制系统、通信系统以及运行监视器（黑匣子）等。

(五) 单片机的结构组成

计算机组成结构见图 1-1，其中每部分被分成若干块芯片或者插卡，安装在一个称为主板的印刷线路板上。而在单片机中，这些部分全部高度集成到一块集成电路芯片中，因此称为单片机。其外形如图 1-4 所示，图 1-5 为单片机的典型结构框图。而单片机也不能孤立地工作，必须与外围设备以及编程软件组成一个完整的应用系统，如图 1-6 所示。

图 1-4　单片机实物图

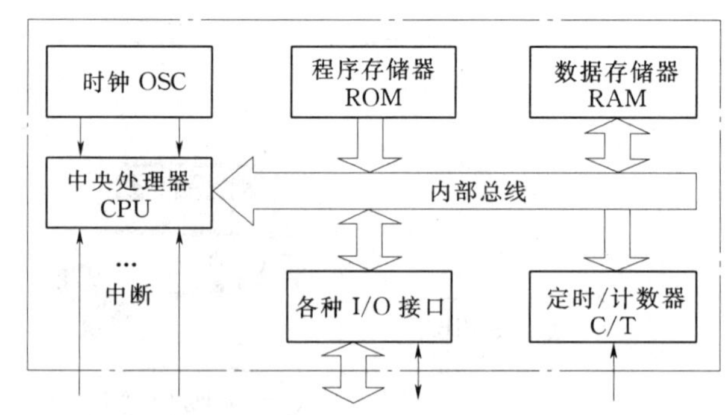

图 1-5　单片机典型结构框图

1. 中央处理器

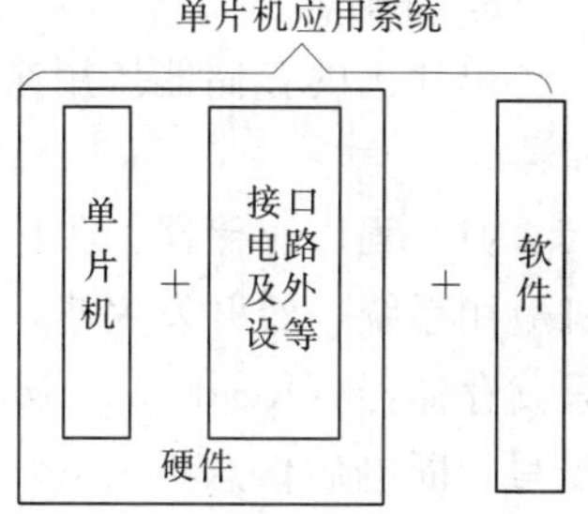

图 1-6　单片机应用系统图

(1) 控制器。控制器负责从程序存储器中取出指令，并逐条地分析指令和执行指令。控制器包括程序计数器、指令寄存器、指令译码器、微操作控制部件和时序控制电路。

程序计数器（Program Counter，简称 PC）中有自动加载下一条将要执行的指令所在存储器单元地址编号的功能。当读取一条指令执行后，PC 能自动指向下一条指令，为读取执行下一条指令作准备，因此单片机工作时，程序可以自动连续执行。

指令寄存器（Instruction Register，简称 IR)，存放从存储器中取来的指令。

指令译码器（Instruction Decoder，简称 ID)，负责翻译指令，从 IR 送来的指令经 ID 译码后，单片机即可知道该进行何种操作。

不同的指令在指令译码器中翻译后，由微操作控制部件产生相应的控制命令和控制信号，用以控制单片机按指令的要求进行相应的操作。

时序控制电路产生单片机各操作部件所需的定时脉冲信号，严格保证各操作动作的时间先后顺序。

(2) 运算器。运算器完成指令要求的计算工作。在计算机中数的计算有两种：一种是算术运算，即加、减、乘、除四则运算；另一种是逻辑运算，如与、或、非、异或等。参加运算的数据在运算器中存放的地方是寄存器，不同类型的单片机寄存器的数量和具体功能不同。

2. 系统总线

系统总线将 CPU、存储器及 I/O 接口等相对独立的部件连接起来，作为多个功能部件共享的公共信息传输通道，是一组信号传输线的集合。共享总线的各个功能部件必须分时段使用总线传输信息，以保证总线上的信息任何时候都是唯一的。系统总线包括数据总线（DataBus，简称 DB)、地址总线（Address Bus，简称 AB）和控制总线（Control Bus，简称 CB)。

数据总线作为一种双向的通信总线，用于实现 CPU、存储器和 I/O 接口之间的数据交换，数据可以是数值数据，也可以是指挥计算机工作的程序和相关数据。数据总线的根数很规范，一般有 8 根、16 根、32 根和 64 根等。

地址总线作为一种传输 CPU 发出的地址信号的单向通信总线，用于向存储器或 I/O 接口提供地址码，以选择相应的存储器或 F0 接口。地址总线的根数称为地址总线宽度，其决定了 CPU 的寻址范围，即 CPU 所能寻找的存储单元或 I/O 接口的数目。如某微型计算机有 16 根地址线，那么其可以寻找到 2^{16} 个存储单元或 I/O 接口。地址总线宽度也很规范，一般有 8 根、16 根、20 根、24 根、32 根和 36 根等。

控制总线其传输的是保证微型计算机各部件同步和协调工作的控制信号，其为单向通信总线，其中有的传输从 CPU 发出的信息，如读、写等信号，有的是其他部件发给 CPU 的信息，如复位、中断请求等信号。控制总线的根数因机型的不同而不同，不像数据总线和地址总线那样规范。

3. 存储器

单片机的存储器按用途分为程序存储器和数据存储器，多数单片机还可以外部扩充存储器。

(1) 程序存储器。程序存储器用来存放单片机的应用程序及运行中的常数数据，单片机应用系统一经开发完毕，其软件也就定型，运行中程序存储器的信息不再更改。半导体只读存储器（Read only Memory，简称 ROM）所存储的信息正常情况下只能读取而不能改写，断电后信息不丢失，所以常用做单片机程序存储器。ROM 根据写入或擦除方式的不同可分为以下几种类型。

1）掩膜 ROM。由厂家在芯片生产封装时，将用户程序通过掩膜工艺写入，写入后不能修改。所以适合于程序已定型、并大批量使用的场合，具有可靠和成本低等优点。

2）可编程只读存储器（Programmable ROM，简称 PROM）。用户可通过专用的写入器将应用程序写入其中，但只能写入一次，且写入的信息不能修改。

3）紫外线擦除可编程只读存储器（Erasable Programmable ROM，简称 EPROM）。用户可根据需要对 EPROM 进行多次写入和擦除。当需要更改时，先将芯片放在专用的擦除器中，在紫外线照射下使其 MOS 电路复位，原存信息被擦除，然后重新写入。过去各种微型计算机系统应用 EPROM 的较多。

4）电擦除可编程存储器（Electrically EPROM，简称 E^2PROM）。与 EPROM 不同，E^2 PROM 采用电的方法擦除信息，不必用紫外线照射，除了能整片擦除以外，还能实现字节擦除，并且擦除和写入操作可以在单片机内进行，不需要附加设备，数据保存可达 10 年以上，每块芯片可擦写 1 万次以上。因而，E^2PROM 比 EPROM 性能更优越，但价格较高，当今的单片机主要应用此种存储器。

5）快闪存储器（Flash Memory）。简称闪存，是一种新型的可擦除、非易失性存储器，编程与擦除完全用电实现，数据不易挥发，可保存 10 年。其擦除和写入的速度比 EPROM 快得多，目前商品化的 Flash Memory 已做到允许擦写次数达 10 万次，存储容量可达数千兆字节。这是目前大力发展的一种 ROM，大有取代 E^2PROM 之势。

(2) 数据存储器。数据存储器用于暂存运行期间的数据、现场采集的原始数据、中间结果、运算结果、缓冲和标志位等临时数据。因为需要经常进行读写操作，所以单片机通常采用随机存取存储器（Random Access Memory，简称 RAM）作为外部数据存储器。

RAM 正常使用时，不仅能读取存放在存储单元中的数据，还能随时写入新的数据，断电后 RAM 中的信息全部丢失，属易失性存储器。CPU 读取其数据后，存储器内原数据不变；而新数据写入后，原数据被新数据代替。

RAM 按器件制造工艺不同分为两类：双极型 RAM 和 MOS 型 RAM。

双极型 RAM 采用晶体管触发器作为基本存储电路，其优点是存取速度快，但结构复杂、集成度较低，比较适合用于小容量的高速暂存器。

MOS 型 RAM 采用 MOS 管作为基本存储电路，具有集成度高、功耗低、价格便宜等优点，在半导体存储器中占有主要地位。MOS 随机存储器按信息存储的方式又分为静态 RAM 和动态 RAM 两种。静态 RAM（Static RAM，简称 SRAM）存储的信息采用触发器的两个稳定状态来表示，因此在非掉电情况下不会自动丢失；动态 RAM（Dynamic

RAM，简称 DRAM）存储的信息经过一定时间会自动丢失，工作中需要进行定时刷新。目前最新类型的单片机也有用 E^2PROM 和 Flash Memory 作数据存储器的。

存储器读写原理：在存储器中有很多存储单元，为使存入和取出时不发生混淆，必须给每个存储单元一个唯一的固定编号，这个编号就称为存储单元的地址，地址码由十六进制数表示。可以通过地址码访问某一存储单元。一般一个存储单元为 1B，对应一个地址。

存储器芯片有数据总线、地址总线及必要的控制信号线。数据总线一般与存储单元的二进制数据位数相同，如果存储单元为 8 位空间，则数据总线为 8 根。典型的存储器结构如图 1－7 所示。

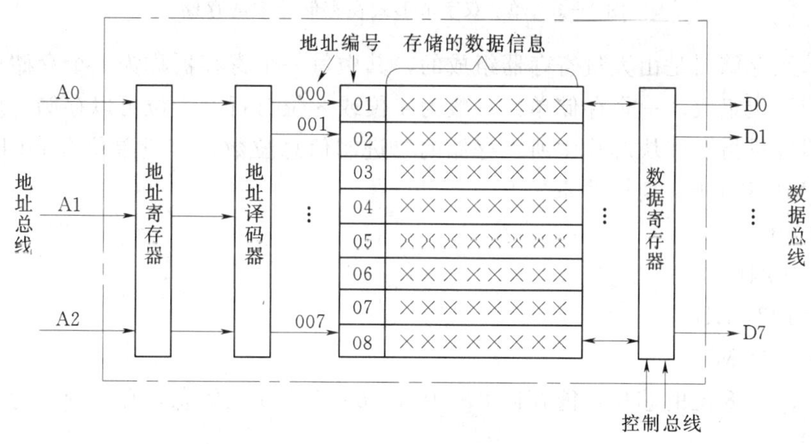

图 1－7　典型存储器结构

因为存储单元数量很大，为了减少存储器向外引出的地址线，在存储器内部都带有译码器。根据二进制编码译码的原理，n 根地址线可以区别 2^n 个地址编号。

例如，对于 16 位地址线的微型计算机系统来说，所能访问的最大地址空间为 2^{16} 个存储单元，而该系统每个单元可存储 1 个字节数据，所以能访问 64KB 数据。64KB 存储空间的地址范围是 0000H～FFFFH，第 0 个字节的地址为 0000H，第 1 个字节的地址为 0001H，…第 65535 个字节的地址为 FFFFH。

对存储器的访问操作主要有两个，分别为读（取）和写（存）。对存储器某存储单元访问的工作过程为：

1）CPU 向存储器地址总线发送某存储单元的地址码。

2）某存储单元被选中，处于待命状态。

3）CPU 向存储器发送读或写的控制信号，确定读写性质。

4）如果计划向存储单元写数据，则 CPU 将要写入的信息发送到数据总线上，被选中的存储单元从数据总线接收信息；如果 CPU 计划读取信息，则存储单元自动将其内部信息传输到数据总线等待 CPU 读取。

位（bit）是计算机所能表示的最小的数据单元，可以表达一个二进制数据 1 或 0。位信息是由存储器中具有记忆功能的电路（如触发器）实现的。

一个字节（Byte，简写为 B）由 8 个二进制位组成，字节是一个数据单位。对一个 8 位二进制代码的最低位称为第 0 位（位 0），最高位称为第 7 位（位 7）。通常存储器中的一个存储单元的容量为一个字节，在微型计算机中信息大多是以字节形式存放的。信息以单、双字节形式在存储器中的存储如图 1-8 所示。

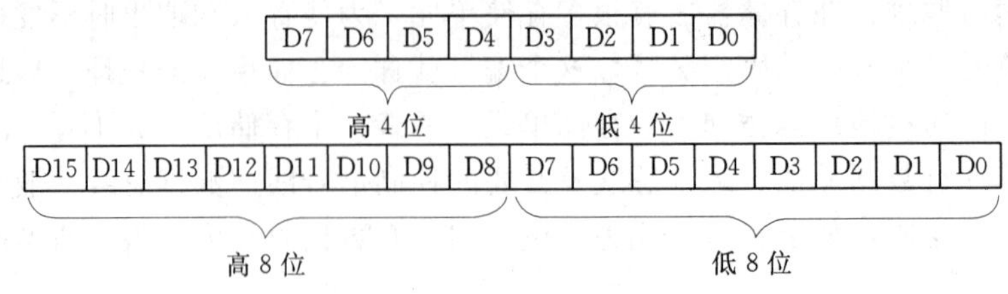

图 1-8　单、双字节形式在存储器中的存储

存储单元存储器是由大量寄存器组成的，其中每一个寄存器称为一个存储单元，而存储单元由若干位组成。一个存储单元一般为 4 位或 8 位，每一个位可以存储 1 位二进制数据。存储器容量指在一块芯片中所能存储的二进制信息位数，容量单位有 bit 以及较大的单位 KB、MB 和 GB。换算关系如下

1B＝8 bit

1KB＝1024B

1MB＝1024 KB

1GB＝1024 MB

例如，8K×8 位的芯片，能存储 8×1024×8＝65536 位信息，存储容量为 8KB。

4. I/O 口

I/O 口是 CPU 与外界交换信息的数据通道，根据信号传输的形式可分为并行和串行口两类。

并行 I/O 口单片机通过并行 I/O 口，允许 CPU 与外部交换信息时一次传递多位二进制数据，一般 8 根 I/O 线为一组，同时传输 8 个二进制位（0 或 1）。

串行 I/O 口串行 1/O 口一次只传递一位二进制信息，速度较慢，但其最大优点是通信线路少，只需 1～2 根传输线即可。单片机往往用串行 I/O 口和某些远程设备进行通信（大于 30m 时），或者和一些特殊功能的器件相连接。

5. 定时/计数器

定时/计数器在实际中应用非常广泛，单片机往往需要精确地定时或对外部事件进行计数，因而在其内部设置了定时/计数器电路。如测试电动机转速，首先定时 i_s，然后记录这 i_s 内电动机的转数，前者靠的是定时器，后者是计数器。定时/计数器一旦被 CPU 启动，即可实现定时/计数器的自动处理，实现与 CPU 并行工作，两者互不干预。

6. 中断系统

在计算机与外部设备交换信息时，存在着高速的 CPU 和慢速的外设之间的矛盾。若采用软件查询的方式，则不但占用了 CPU 操作空间，而且响应速度慢。此外，对 CPU 外部随机或定时出现的紧急事件，也常常需要 CPU 能马上响应，为此引入了“中断”技术。

（六）单片机的类型

1. 单片机的主要品种系列

现在全世界单片机品种总量已超过 1000 种，流行系列结构有 30 多种，MCS-51 系

列占多半，生产此种系列单片机的厂家有 20 多家，共计 350 多种衍生产品。

2. 单片机的分类

按应用范围分类可分成专用型和通用型。专用型是针对某种特定产品而设计的，根据需要对单片机内部的硬件资源有所取舍，其外形也有所不同，例如用于体温计的单片机、用于洗衣机的单片机等；通用型是将所有资源提供给用户，适应性强，用户可根据需要对其进行开发。

按字长分类在通用型的单片机中，又可按字长分为 4 位、8 位、16 位及 32 位单片机。虽然现在计算机的 CPU 几乎全是 64 位的，但单片机只在航天、汽车和机器人等高技术以及复杂控制领域，需要高速处理大量数据时才选用 16 位或 32 位，而在一般工业领域，8 位单片机的性能即可满足大部分控制场合需要，其应用仍然是最多的。

3. MCS－51 系列单片机

MCS－51 是指由美国 Intel 公司生产的一系列单片机的总称。这一系列单片机包括了 8031、8051、8751 等品种，其中 8051 是最典型的产品，该系列单片机都是在 8051 的基础上进行功能的增、减、改变而来的，所以人们习惯于用 8051 来称呼 MCS－51 系列单片机。

Intel 公司将 MCS－51 的核心技术授权给了很多其他公司，所以有很多公司在做以 8051 为核心的单片机，功能有些改变，以满足不同的需求。其中较典型的一款单片机 AT89C51 由美国 Atmel 公司以 8051 为内核开发生产。本教材使用的 AT89S52 单片机是在此基础上改进而来。

AT89S52 是一种 8 位单片机，内含 8KB ISP（In－system Programmable，系统在线编程），可反复擦写 1000 次的 Flash 只读程序存储器，器件采用 Atmel 公司的高密度、非易失性存储技术制造，兼容标准 MCS－51 指令系统及其引脚结构。在实际工程应用中，功能强大的 AT89S52 已成为许多高性价比嵌入式控制应用系统的解决方案。

工程规范提示：单片机的位数

微软新推出的 VISTA 系统是 64 位操作系统；常用的系统，如 Windows XP、Windows 2003 等，是 32 位操作系统；单片机 AT89S52 是 8 位的，而有些厂家生产的单片机则是 16 位的。简单地说，这些位数指的是 CPU 能一次处理的数据的最大长度。当然，这里的位是指二进制的位，AT89S52 是 8 位的单片机，意味着它如果要处理 16 位数据的话就应该分两次处理。

8031（片内无程序存储器）、8051 和 8751 三种芯片只是在程序存储器的形式上不同，在结构和功能上都一样，特点如下。

（1）8051 单片机片内含有 4KB 的 ROM，ROM 中的程序是由单片机芯片生产厂家固化的，适于大批量生产的产品。

（2）8751 单片机片内含有 4KB 的 EPROM，开发人员将编好的程序用开发机或编程器写入其中。

（3）8031 片内没有程序存储器，当在片外扩展 EPROM 后，就相当于一片 8751，应用较灵活。

4. 51 子系列和 52 子系列

Intel 公司的 MCS－51 系列单片机共有十几种芯片，分 51 子系列和 52 子系列，其中

51 子系列属于基本型，52 子系列属于增强型。两子系列芯片内核和外部封装完全相同，后者较前者只是在定时/计数器、中断源、内部 RAM 和 ROM 的数量上有所增加。MCS-51 系列单片机分类见表 1-1。

表 1-1　MCS-51 系列单片机分类

子系列	内部 ROM 形式				内部 ROM 容量	内部 RAM 容量	定量/计数器	中断源
	无	ROM	EPROM	E^2PROM				
MCS-51 子系列	8031	8051	8751	8951	4KB	128B	2×16	5
	80C31	80C51	87C51	89C51				
MCS-52 子系列	8032	8052	8752	8952	8KB	256B	3×16	6
	80C32	80C52	87C52	89C52				

Intel 公司后来将 MCS-51 系列中的 8051/80051 内核使用权以专利互换或出售形式转让给世界许多著名 IC 制造厂商，如 Philips、NEC、Atmel、AMD 和华邦等，这些公司在保持与 MCS-51 单片机兼容的基础上改善了其许多特性，同样的一段程序，在各个单片机厂家的硬件上运行的结果都是一样的。这样，MCS-51 系列单片机就变成有众多制造厂商支持的、发展出上百个品种的大家族，统称为 MCS-51 系列。一直到现在，MCS-51 内核系列兼容的单片机仍是应用的主流产品（如流行的 89551 和 89C51 等），各高校及专业学校的培训教材仍以 MCS-51 单片机作为代表进行理论基础学习。

89 系列单片机与 MCS-51 系列单片机的指令和引脚完全兼容，是目前市场占有率第一的单片机芯片，已成为用户的首选主流机型，主要特征是采用了可反复电擦除改写的内部程序存储器。市场上主要有美国 Atmel 公司的 AT89 系列和荷兰 Philips 公司的 P89 系列单片机，两公司的产品类似。另外华邦等公司也在生产完全兼容的 89 系列芯片。

AT89 系列单片机产量最大，派生产品较多，应用最广泛。AT89 系列单片机可分为标准型、低档型和高档型三种类型。AT89 系列单片机概况如表 1-2 所示。

表 1-2　AT89 系列单片机概况

型　号	AT89C51	AT89C52	AT89C1051	AT89C2051	AT89S8252
档次	标准型		低档型		高档型
Flash（KB）	4	8	1	2	8
内部 RAM（KB）	128	256	64	128	256
I/O（根）	32	32	15	15	32
定时/计数器（个）	2	3	1	2	3
中断源（个）	5	6	3	6	9
串行接口（个）	1	1	1	1	1
M 加密（级）	3	3	2	2	3
片内振荡器	有	有	有	有	有
E^2PROM（KB）	无	无	无	无	2

(1) 标准型。主要有 AT89C51、AT89LV51、AT89C52、AT89LV52、AT89C55、AT89LV55 等 6 种型号，与 MCS-51 系列单片机兼容。

这 6 种型号中 AT89C51 是一种基本型号，它在 80C51 基础上增强了许多特性，并且由可重复电擦除改写的 Flash（至少可改写 1000 次）存储器取代了原来的一次性写入 ROM。

AT89LV51 是一种能在低电压范围工作的改进型单片机，可在 2.7～6V 电压范围工作，其他功能和 AT89C51 相同。

AT89C52 是在 Intel 公司 80C52 内核基础上采用 Flash 存储器。

AT89LV52 是 AT89C52 的低电压型号，可在 2.7～6V 电压范围内工作。

AT89C55 与 AT89C52 相比 Flash 存储器容量增加为 20KB。

AT89LV55 是 AT89C55 的低电压型号，可在 2.7～6V 电压范围内工作。

(2) 低档型。低档型产品的基本部件结构和 AT89C51 差不多，只是 F0 端口数目、内部存储器等少些，如 AT89C1051、AT89C2051 外部引脚均只有 20 个，其外形更为小巧。AT89C2051 实物如图 1-9 所示。

图 1-9 AT89C2051 实物图

(3) 高档型。高档型产品在标准型的基础上增加了一些功能，形成了 AT89S 系列，如 AT89S51、AT89S52 及 AT89S8252 等。主要特点是在可重复电擦除改写的 Flash 存储器基础上增加了在线编程和看门狗功能。AT89S52 可使用户很方便地进行程序的在线反复擦除、改写操作，在工艺上进行了改进，成本大大降低，而功能却大大提升，成为了当前实际应用市场上的主流产品。目前 Atmel 已经停产 AT89C51，不再接受订单。由于 Atmel 前期生产的巨量库存以及部分公司仍在生产，所以市场上 AT89C51 还有很多，应用依然广泛。AT89S51 可以向下完全兼容早期的 MCS-51 系列兼容产品，相对于 AT89C51 性能也有了较大提升，但价格基本不变，甚至比 AT89C51 更低。AT89S51 新增加了很多功能，主要有：

1) 新增在线编程功能，优势在于可以直接通过串行口改写单片机存储器内的程序，不需要将芯片从工作环境中剥离，拥有强大易用的功能。

2) AT89C51 的最高工作频率是 24MHz，AT89S51 最高工作频率为 33MHz，计算速度快。具有双工 UART 串行通道。

3) 内部集成看门狗计时器，不再需要像 AT89C51 那样外接看门狗计时器单元电路。

4) 双数据指示器。

5) 电源关闭标识。

6) 全新的加密算法，使 AT89S51 程序的保密性大大加强，可以有效保护知识产权不被侵犯。

5. 单片机系统的开发

目前，常采用的单片机开发方法有在线仿真开发、离线仿真开发和 ISP 等方法。

(1) 在线仿真开发。在线仿真开发是指将要开发的产品（用户系统）硬件做好并检查无误后，将单片机从用户插座上拔掉，以仿真机当做虚拟的单片机连接到用户插座，根据需求在仿真机中设计应用程序的方法。首先利用仿真机提供给用户的系统软硬件进行设计调试（称仿真），然后试运行，若满足设计要求，则程序设计完成，不满足则继续在仿真机中修改。程序调试好后，取下仿真机，将程序固化到用户系统的单片机程序存储器中，将单片机插入用户插座，开发结束。一般的仿真器自带程序固化功能，也可使用单独的编程器固化。通用单片机仿真开发系统如图 1－10 所示。

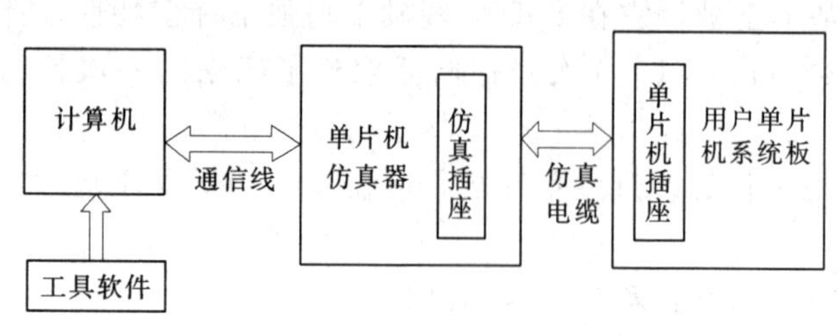

图 1－10　通用单片机仿真开发系统图

图 1－12 中将仿真电缆（即 40 芯扁平线）的一头连接仿真器，另一头通过仿真头插入用户系统的单片机插座（注意不要插反），即 89C51 的＋5V（40 脚）通过此插座及扁平线与开发系统的＋5V 相连，89C51 的地端（20 脚）与开发系统的地线相连。然后连接好电源线，通过通信线与计算机相连，在计算机上装好与仿真器配套的软件，即可在线仿真。

在整个仿真系统中，最关键的是仿真器，其作用是完全取代用户单片机，通过个人计算机对其进行开发，随时可以将修改后的程序利用仿真头在硬件系统中运行测试，非常方便，但在线仿真器较为昂贵。国内单片机开发系统已经很成熟，一般都具有以下基本功能。

1）对硬件系统电路诊断与检查功能。

2）程序输入、编辑、修改、保存、转储及打印功能。

3）用户程序的运行调试功能。

4）用户程序的汇编、反汇编及固化程序功能。

（2）离线仿真（软件仿真）开发。对于接口电路较多的系统，又无实时在线开发设备时，可先设计好硬件电路，即做好印制电路板或搭接好电路，在个人计算机的仿真软件中设计好程序，利用一个简易编程器即可将程序固化到单片机芯片中，然后将单片机直接插入硬件电路中试运行，如有问题，拔下单片机重新固化修改后的程序，如此反复，直至成功。

这种方法成本低，简易可行，快速直接，适用带 Flash 存储器的芯片，如 89C51。但较多的硬件故障需等单片机插入硬件系统经反复测试后才能发现。

（3）ISP 开发。普通的编程器或仿真器成本高，价格从几百元到几千元不等。另外，在开发过程中，程序每改动一次就要拔下电路板上的单片机芯片，编程后再插上，也比较麻烦。对于可在线编程的单片机（如 AT89S 系列），可利用其串行口对内部的程序存储器进行编程，不需要编程器。单片机可以直接焊接到电路板上，同个人计算机联机后，通过 ISP 程序可将用户事先编好的程序直接写入内部程序存储器中，然后运行调试，有问题时可在个人计算机上修改程序重新下载，调试结束即为成品。通过 ISP 甚至可以远程在线升级单片机中的程序，使得单片机应用系统的设计、生产、维护、升级等环节都发生了深刻的变革。

早期的单片机应用程序开发通常需要仿真机、编程机等配套工具，要配置这些工具需要一笔不小的投资。本书采用的 AT89S52，不需要仿真机和编程机，只需运用 ISP 电缆就可以对单片机的 Flash 反复擦写（寿命约 1000 次以上），因此使用起来特别方便简单，尤其适合初学者使用，而且配置十分灵活，可扩展性特别强。

本书将引导学生如何运用 AT89S52 作为机器人的大脑制作一款教育机器人，并采用汇编语言对 AT89S52 进行编程，使机器人实现基本任务（如 LED 闪烁、电机运动等）。

工程规范提示：In - system Programmable（系统在线编程，简称 ISP）

In - system Programmable 是指用户可把已编译好的程序代码通过一条“下载线”直接写入到器件的编程（烧录）方法，已经编程的器件也可以用 ISP 方式擦除或再编程，相对于传统的“编程器”成本已经大大下降了。通常 Flash 型芯片会具备 ISP 下载能力。

为了方便单片机微控制器与电源、ISP 下载电缆、串口线以及各种传感器和电机的连接，需要制作一个电路板，并将单片机插在教学板上，如图 1 - 11 所示。本书将此电路板称为教学板。

图 1 - 11　51 单片机教学板

三、任务操作

步骤 1　获得机器人硬件系统

单片机控制的宝贝车机器人，能够组成一个完整的智能控制系统，必须是硬件系统、软件系统相互结合，通过并口 ISP 下载线相互连接、通信。

图 1 - 12 所示的是宝贝车机器人硬件系统，它的微控制器（MCU）是由 Atmel 公司生产与 51 系列兼容的 8 位 AT89S52 单片机。

步骤 2　获得软件

在本书的学习中，将反复用到三款软件：Keil uVision2 IDE 集成开发环境、SL ISP 程序下载软件、串口调试软件等。

（1）Keil uVision2 IDE 集成开发环境。该软件是德国 KEIL 公司出品的 51 系列单片机集成开发系统。

图 1-12　51 宝贝车机器人

学生可以在 KEIL 公司的网站 www.keil.com 上获得该软件的安装包（本书使用 2.38a 版）。

（2）SL ISP 软件下载工具。该软件是广州天河双龙电子有限公司推出的一款 ISP 下载软件，使用该软件可以将可执行文件下载到机器人单片机上。该软件的使用需要使用的计算机有并行口。

学生可以在双龙公司的网站 www.sl.com.cn 中获得该软件。

（3）串口调试软件。该软件是用来显示单片机与计算机的交互信息的。在硬件上，使用的计算机至少要有串口或 USB 接口来与单片机教学板的串口连接。

步骤 3　安装软件

到目前为止，已获得了软件安装包。软件的安装很简单，与安装其他软件的过程一样。

（1）安装 Keil uVision2。

1）执行 Keil uVision2 安装程序，如 D：\ keil \ setup \ setup.exe 安装程序，出现安装向导窗口，点击 Next 按钮，如图 1-13 所示。

2）在许可协议窗口点击 YES 按钮，见图 1-14。

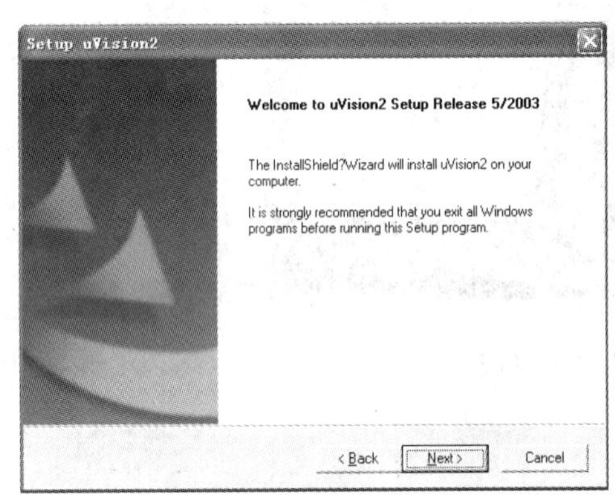

图 1-13　安装向导窗口

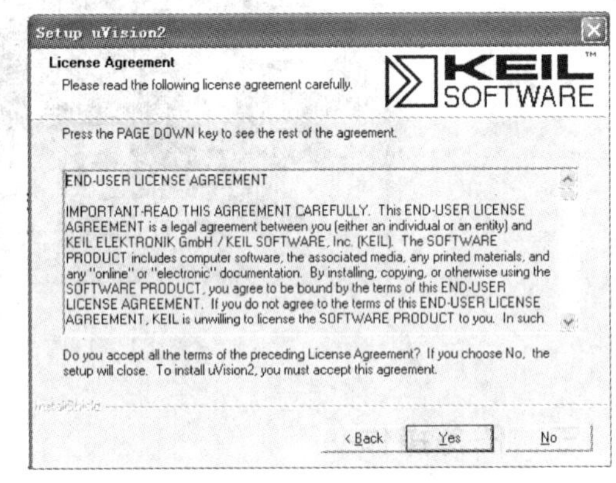

图 1-14　许可协议窗口

3）在后续出现的窗口中全部点击 Next 按钮，将程序默认安装在 C：keil 文件目录下。Keil uVision IDE 软件安装到计算机上的同时，会在桌面上建立一个快捷方式。

（2）安装 ISP 下载软件（与上类似）。

步骤 4　硬件连接

教学板需要连接电源，同时也需要连接到 PC 机（或笔记本电脑）以便编程和软、硬件间交互。下面将介绍如何完成上述硬件连接任务。

（1）串口的连接。教学板通过串口电缆连接到 PC 机（或笔记本电脑）上以便与用户交互。如果计算机有串行接口，直接使用串口连接电缆。如果没有，此时需要使用 USB 转串口适配器，如图 1-15 所示。只需将该串口线一端的串口连接到机器人教学板，而另一端连接到计算的 USB 口上。

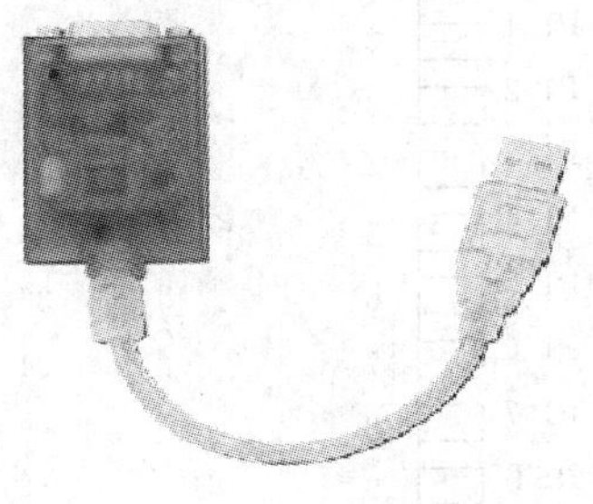

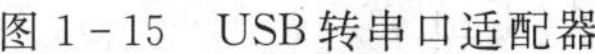

图 1-15　USB 转串口适配器

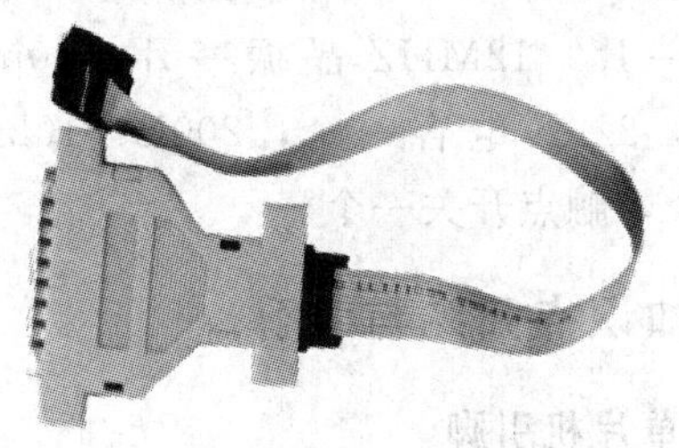

图 1-16　ISP 下载线

（2）ISP 下载线的连接。机器人程序通过连接到 PC 机或者笔记本电脑的并口上的 ISP 下载线来下载到教学板上的单片机内。图 1-16 所示为 ISP 下载线。下载线一端连接到 PC 机或者笔记本的并行接口上，而另一端（小端）连接到教学板上的程序下载口上。

（3）电池的安装。本书使用五号碱性电池给机器人电机和教学板供电，在继续下面的任务前，请先检查机器人底部电池盒内是否已经装好电池，并是否有正常的电压输出。如果没有，请更换新的电池。更换过程中，确保每颗电池都按照塑料盒子里面标记的电池极性（“+”和“-”）方向装入。

（4）通电检查。教学底板上有一个三位开关（见图 1-17），将开关拨到“0”位断开教学底板电源。无论是否将电池组或者其他电源连接到教学底板上，只要三位开关位于“0”位，那么设备就处于关闭状态。

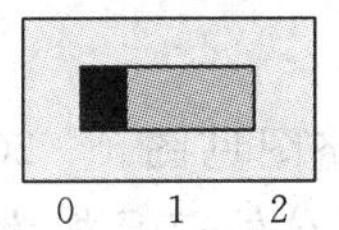

图 1-17　处于关闭状态的三位开关

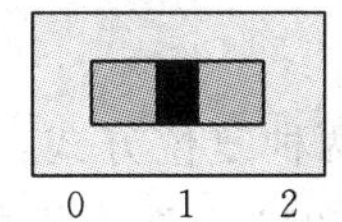

图 1-18　处于 1 位状态的三位开关

现在将三位开关由“0”位拨至“1”位，打开教学板电源，如图 1-18 所示。检查教学底板上绿色 LED 电源指示灯是否变亮。如果没亮，检查电池盒里的电池和电池盒的接头是否已经插到教学板的电源插座上。

将开关拨至“2”后，电源不仅要给教学板供电，同时还给机器人的执行机构——伺服电机供电，同样的，此时绿色 LED 电源指示灯会变亮。

四、拓展训练

请自行安装 ISP 下载软件。

任务 2　机器人“大脑”主控电路的构建与调试

一、任务描述

（1）本任务主要介绍机器人的主控电路——单片机最小系统搭建与测试。

(2) 本任务所需的元器件：万用表一台，示波器一台，＋5V 电源，单片机 AT89S52 一片，12MHZ 晶振一片，30pF 电容两个，22μF 电容一个，200Ω、10kΩ 电阻各一个，触点开关一个。

二、知识点归纳与讲解

（一）单片机引脚

单片机能够起到控制作用，主要依靠引脚与外界进行通信。而单片机的控制必须依赖最小系统的支持：复位电路、时钟电路。单片机的引脚图见图 1－19。所涉及到的引脚如下。

(1) 电源引脚：VCC（＋5V、40 脚）、VSS（地、20 脚）。

(2) 时钟引脚：XTAL1(19 脚)、XTAL2(18 脚)。

(3) 复位引脚：RST（9 脚）。

(4) $\overline{EA}$（31 脚）：访问程序存储控制信号。

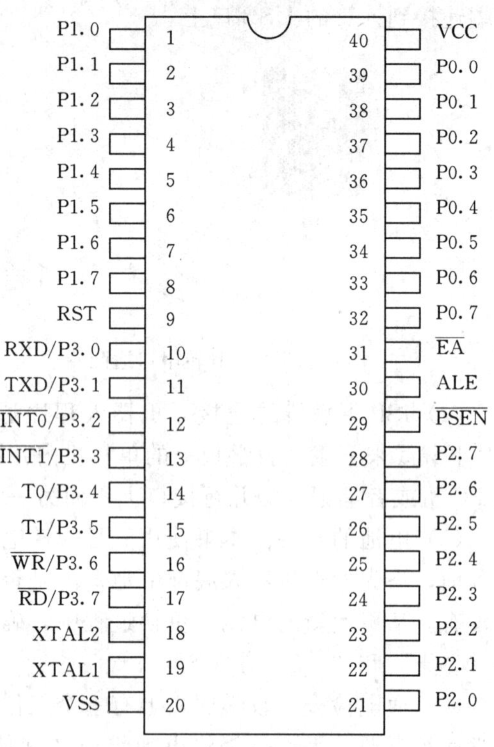

图 1－19　8××51 单片机的引脚图

（二）复位电路

单片机有以下两种复位方式：一种是上电复位（电路图见图 1－20），一种是开关复位（电路图见图 1－21）。单片机的复位条件是：必须是在外部晶振为 12MHz 时，RST（9 脚）持续 10ms 以上的高电平。

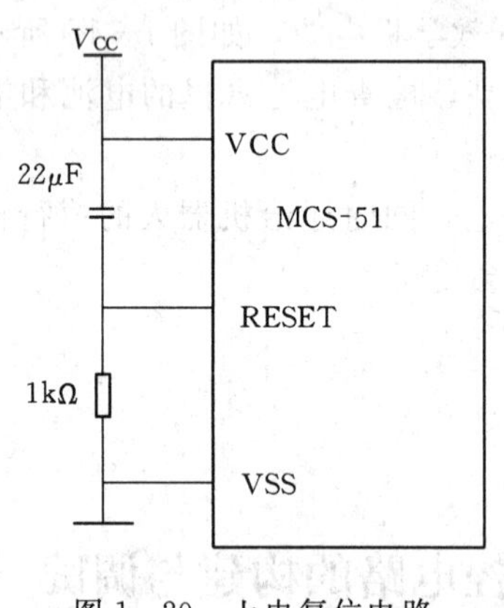

图 1－20　上电复位电路

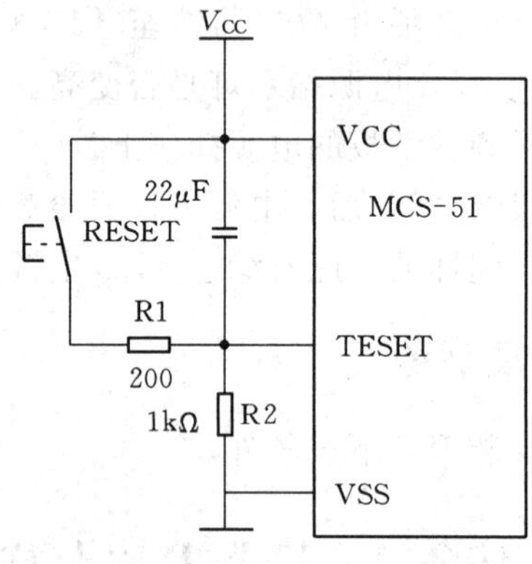

图 1－21　开关复位电路

单片机复位后，其内部寄存器的状态见表 1－3。

（三）时钟电路

(1) 振荡晶体频率可在 1.2～12MHz 之间选择。晶振电路见图 1－22。

表 1-3　　单片机复位时寄存器状态表

寄存器	复位状态	寄存器	复位状态
PC	0000H	ACC	00H
B	00H	PSW	00H
SP	07H	DPTR	0000H
P0～P3	0FFH	IP	×××00000B
IE	0××00000B	TMOD	00H
TCON	00H	TL0，TL1	00H
TH0，TH1	00H	SCON	00H
SBUF	不定	PCON	0×××0000B

注　表中符号×状为随机态。

（2）电容值无严格要求，但取值大小对振荡频繁输出的稳定性、大小、起振速度有少许影响，两只电容可在 20～100pF 之间取值，其取值在 60～70pF 时振荡器有较高的频繁稳定性。

（3）按照一般经验：外接晶体时，两电容取值为 30pF。

（4）应注意晶体和电容应尽可能地靠近单片机芯片安装，以减少寄生电容，保证振荡器稳定可靠地工作。

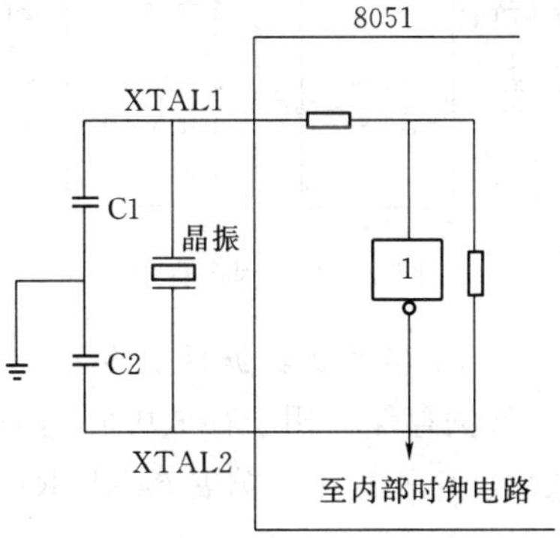

图 1-22　晶振电路

（四）存储器

存储器是计算机的主要组成部分，其用途是存放程序和数据，使计算机具有记忆功能。这些程序和数据在存储器以二进制代码表示，根据计算机命令，按照指定地址，可以把代码取出或存入新代码。

工程规范提示：

在计算机中，把一个 8 位二进制代码称为 1 个字节（Byte，简写为 B），2 个字节称为 1 个字（word），4 个字节称为双字节，都为代码位数常用单位。对一个 8 位二进制代码的最低位称为第 0 位（位 0），最高位称为第 7 位（位 7）。

51 系列单片机在物理结构上有 4 个存储空间：片内程序存储器、片外程序存储器、片内数据存储器、片外数据存储器。在逻辑上，即从用户使用角度上，51 系列有 3 个存储空间：片内外统一编址的 64KB 的程序存储器（用 16 位地址）、256/384B 的片内数据存储器（用 8 位地址，其中 128B 的专用寄存器地址仅有 21B 有实际意义）以及 64KB 片外数据存储器。

1. 51 单片机程序存储器

程序存储器用于存放编好的程序和数据表格。C51 片内有 4KB 闪存，片外 16 位地址线最多可扩展 64KB ROM，两者是统一编址的。如果端口 $\overline{EA}$ 保持高电平，C51 在 0000H

～0FFFH 范围内执行程序；当寻址范围在 1000H～FFFFH 时，则从片外存储器取指令。当端口$\overline{EA}$保持抵电平时，C51 所有取指令操作均在片外存储器中进行，这时片外存储器可从地址 0000H 开始编址。程序存储器见图 1-23。程序存储器资源分布见图 1-24。

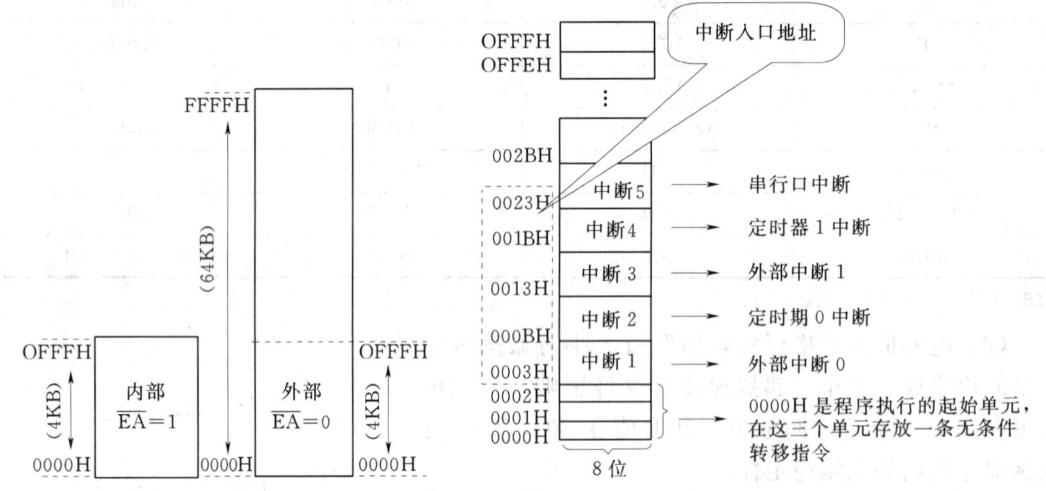

图 1-23　程序存储器　　　　图 1-24　程序存储器资源分布

2. 51 单片机数据存储器

数据存储器用于存放中间运算结果、数据暂存和缓冲、标志位等。C51 片内有 256B RAM，片外最多可扩展 64KB RAM，见图 1-25。

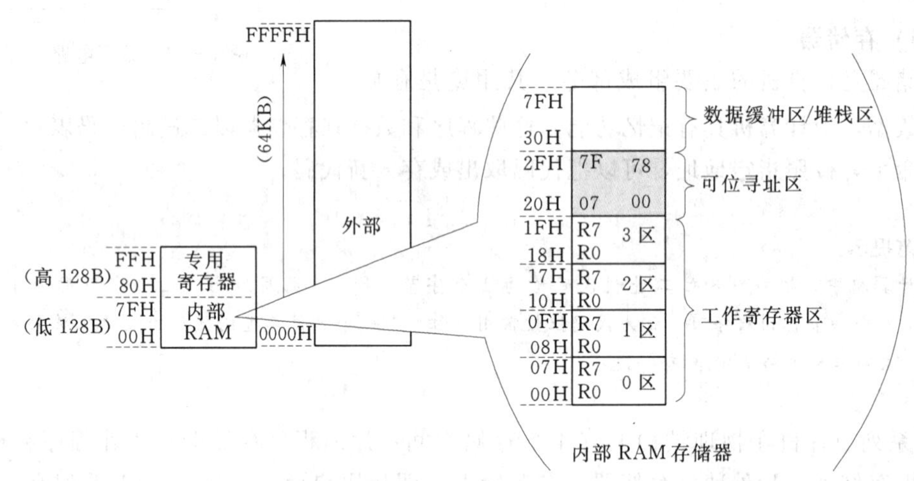

图 1-25　数据存储器

专用寄存器 SFR：51 单片机有 21 个专用寄存器 SFR（Special Function Register），亦称特殊功能寄存器，离散地分布在片内数据存储器的高 128B 地址 80H～FFH 中。

三、任务操作

步骤 1　＋5V 电源供给（为机器人提供能量）

将单片机 40 脚接+5V 电源正极，20 脚接地，以给单片机提供工作电压。

步骤 2 时钟电路搭建（为机器人安装“心脏”）

将单片机 18 脚、19 脚按图 1-22 连接 12MHz 晶振时钟电路，以给单片机提供时序。C1、C2 为 30pF 电容。

步骤 3 程序存储器访问权限控制（$\overline{EA}$引脚）

单片机未扩展外部程序存储器，则将单片机 31 脚接地，单片机只访问片内程序存储器。

步骤 4 复位电路搭建（让机器人“死而复生”）

单片机若在工作时死机，可以通过复位电路使其恢复正常，并重头开始执行程序。复位电路如图 1-26 连接。

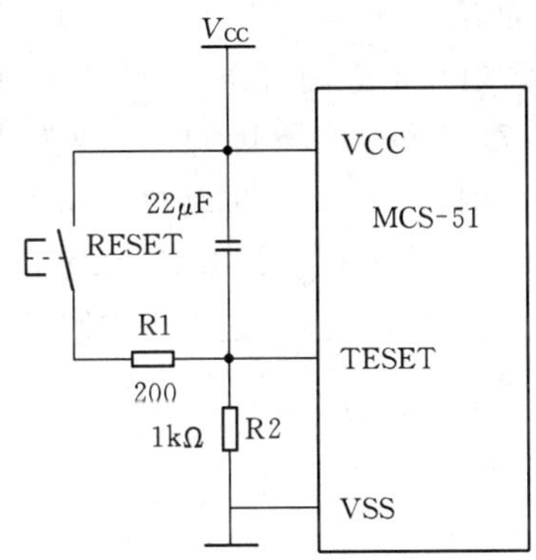

图 1-26 复位电路图

步骤 5 单片机小系统检测

（1）打开电源，用万用表测试单片机 40 脚、20 脚电压是否正常。

（2）用示波器检测单片机 18 脚、19 脚的输出波形，察看其波形频率，检查晶振是否起振。

（3）用万用表检测 31 脚是否为地电平。

（4）用万用表检测 9 脚复位引脚在开关断开时，是否为低电平；开关闭合时是否为高电平。

四、拓展训练

本任务中单片机工作电源为+5V，可以采取以下方式获得。

（1）将 220V 交流电通过变压器、整流电路、滤波电路、稳压电路转换为+5V 直流电压。此方法中用到了 7805 芯片。

（2）可以直接用干电池供电。

（3）可以直接用直流稳压电源供电。

任务 3 机器人系统硬件拆装

一、任务描述

（1）本任务主要介绍单片机控制的机器人系统的硬件拆装及测试。

（2）本任务所需的元器件：机器人车体及系统板 1 套。

二、知识点归纳与讲解

（一）数制与码制基础

在计算机中，由于电气元器件最易实现的两种稳定状态为器件的“开”与“关”，以及电平的“高”与“低”，因此采用二进制数的“0”和“1”可以很方便地与其两种状态相对应，从而表示机内的数据运算与存储。计算机内任何复杂的信息都是由 0 和 1 的不同组合形式来表示的。在编程时，为了方便阅读和书写，人们还经常用八进制数或十六进制来表示二进制数。但无论哪种数制，共同之处都是进位计数制。虽然一个数可以用不同计数制形式表示其大小，但该数的量值则是相等的。

1. 常用的进位计数制

如果数制只采用 R 个基本符号，则称为 R 数制，R 称为数制的基数，进位计数制的编码符合“逢 R 进位”的规则。而数制中每一固定位置对应的数值大小称为权，各位的权为 R0。

(1) 十进制 (Decimal System)。主要特点：$R=10$，基本符号为 0、1、2、3、4、5、6、7、8 和 9。逢 10 进 1，权为 10。

例如，一个十进制数 256.47 可按权展开为

$$256.47=2\times10^{2}+5\times10^{1}+6\times10^{0}+4\times10^{-1}+7\times10^{-2}$$

从上式可以看出 n 是以十进制数中的数码相对于小数点的位置来划分的，说明如下。

十进制数：…		2	5	6	.	4	7	…
n：…	3	2	1	0	−1	−2	−3	…
权：…	10^{3}	10^{2}	10^{1}	10^{0}	10^{-1}	10^{-2}	10^{-3}	…

(2) 二进制 (Binary System)。主要特点：$R=2$，基本符号为 0 和 1，逢 2 进 1，权为 2。表示形式为：11101B。

按权展开的形式和十进制相同，具体如下。

二进制：	1	1	1	0	1
权：	2^{4}	2^{3}	2^{2}	2^{1}	2^{0}
	16	8	4	0	1

$$11101B=1\times2^{4}+1\times2^{3}+1\times2^{2}+0\times2^{1}+1\times2^{0}=16+8+4+1=29$$

(3) 八进制 (Octal System)。主要特点：$R=8$，基本符号为 0、1、2、3、4、5、6 和 7。表示形式为：11010。

(4) 十六进制 (Hexadecimal System)。主要特点：$R=16$，基本符号为 0、1、2、3、4、5、6、7、8、9、A、B、C、D、E 和 F。其中，A～F 分别对应十进制的 10～15。表示形式为：$(256B)_{16}$或 256BH。推荐用后缀为 H 的书写形式。各数制组成对应表如表 1-4 所示。

表 1-4　　各数制组成对应表

八进制	十进制	十六进制	二进制	八进制	十进制	十六进制	二进制
0	0	0H	0000B	4	4	4H	0100B
1	1	1H	0001B	5	5	5H	0101B
2	2	2H	0010B	6	6	6H	0110B
3	3	3H	0011B	7	7	7H	0111B

续表

八进制	十进制	十六进制	二进制	八进制	十进制	十六进制	二进制
10	8	8H	1000B	15	13	DH	1101B
11	9	9H	1001B	16	14	EH	1110B
12	10	AH	1010B	17	15	FH	1111B
13	11	BH	1011B	20	16	10H	0001 0000B
14	12	CH	1100B	21	17	11H	0001 0001B

2. 不同数制间的相互转换

(1) R 进制转换为十进制。基数为 R 的数字，只要将各位数字与其位权相乘，其积相加，和数就是十进制数。

【例 1-1】 将 1101101.0101B 转换为十进制数。

$$1101101.0101B=1\times2^{6}+1\times2^{5}+0\times2^{4}+1\times2^{3}+1\times2^{2}+0\times2^{1}+1\times2^{0}$$
$$+0\times2^{-1}+1\times2^{-2}+0\times2^{-3}+1\times2^{-4}=109.3125$$

【例 1-2】 将 0.2AH 转换为十进制数。

$$0.2AH=2\times16^{-1}+10\times16^{-2}=0.1640625$$

当从 R 进制转换到十进制时，可以把小数点作为起点，分别向左右两边进行，即对其整数部分和小数部分分别转换。将二进制数转换为十进制时，只要把数位是 1 的那些位的权值相加，其和就是等效的十进制数。

(2) 十进制转换为 R 进制。将十进制数转换为 R 进制数时，可将此数分成整数与小数两部分分别转换，然后再拼接起来即可实现。

整数转换可用十进制数连续地除以 R，其余数即为 R 进制数的各位的数码，称为“除 R 取余法”。

【例 1-3】 将 $(57)_{10}$ 转换为二进制数。

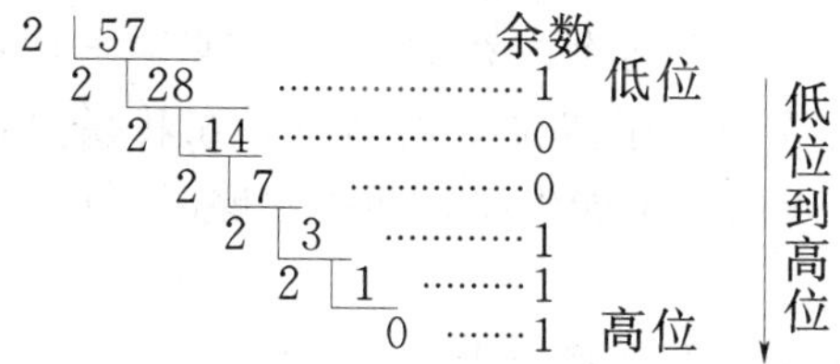

所以，57＝111001B。

小数转换连续地乘以 R，直到小数部分为 0，或达到所要求的精度为止（小数部分有时可能永不为零），得到的整数即组成 R 进制的小数部分，称为“乘 R 取整法”。要注意的是，十进制小数常常不能准确地换算为等值的二进制小数（或其他 R 进制数），有换算误差存在。

【例 1-4】 将 $(0.3125)_{10}$ 转换为二进制数。

```
  0.3125
×      2
   0.625   取整数为   0 高位   ↑
×      2                         低
   1.25    取整数为   1          位
   0.25                          到
×      2                         高
   0.5     取整数为   0          位
×      2
   1.0     取整数为   1 低位
```

所以，0.3125=0.0101B。

【例 1-5】 将 0.5627 转换成二进制数。

```
  0.5627
×      2
  1.1254   1
  0.1254
×      2
  0.2508   0
×      2
  0.5016   0
×      2
  1.0032   1
  0.0032
×      2
  0.0064   0
×      2
  0.0128   0
```

此过程会不断进行下去（小数位达不到 0），因此只能取到一定精度。所以 0.5627=0.100100B。

（3）二进制与十六进制的转换。二进制、十六进制数的相互转换在应用中占有重要的地位。由于这两种数制的权之间有内在的联系，即 $2^4=16$，因而它们之间的转换比较容易，即每位十六进制数相当于四位二进制数。在转换时，位组划分是以小数点为中心向左右两边延伸，中间的 0 不能省略，两头不够时可以补 0。此方法称为“四位合一”法。

【例 1-6】 将 1011010.1B 转换成十六进制数。

0101 1010 .1000 1011010.1B=5A.8H

【例 1-7】 将十六进制数 7F.28H 变为二进制数。

7 F.2 8 7F.28H=1111111.00101B

（4）二进制数的运算。二进制数同样有算术运算与逻辑运算，二进制中的算术运算与十进制的算术运算基本相同，具体运算如下。

加法二进制的进位规则是逢二进一，因此只需注意此规则即可。

【例 1-8】 完成 00010100B+00000101B 的运算。

$$
\begin{array}{r}
0\ 0\ 0\ 1\ 0\ \boxed{1}\ 0\ 0 \\
+\ 0\ 0\ 0\ 0\ 0\ \boxed{1}\ 0\ 1 \\
\hline
0\ 0\ 0\ 1\ 1\ \boxed{0}\ 0\ 1
\end{array}
$$

↑此处向左产生了进位

减法二进制的减法与十进制的减法也相同，但在计算机内部二进制减法是用补码加法来运算的，因此计算机内部就不存在减法运算的问题了，关于补码将在后文介绍。

乘除法在计算机内部，二进制乘除法是用一个二进制数的移位运算完成的。

例如进行 00010100B×0000010B，只需将 00010100B 左移 1 位，得到 00101000B 就是积；将被除数整体右移 1 位即可实现除以 2 的除法运算。

逻辑运算二进制数逻辑运算包含基本的"与"、"或"、"异或"以及"非"。对两个二进制数进行逻辑运算，就是分别按位求其逻辑运算值。"非"又称求反，例如对 $X=$10100001B 进行非运算的结果为 01011110B。二进制数的逻辑"或"、"与"、"异或"运算规则如表 1-5 所示。

表 1-5　　二进制数的逻辑"或"、"与"、"异或"运算规则

X_i	Y_i	Z_i (X_i+Y_i)	Z_i $(X_i \cdot Y_i)$	Z_i $(X_i \oplus Y_i)$
0	0	0	0	0
0	1	1	0	1
1	0	1	0	1
1	1	1	1	0

【例 1-9】　$X=10100001B$，$Y=10011011B$，求 $X \vee Y$。

$$
\begin{array}{r}
10100001 \\
\vee\quad 10011011 \\
\hline
10111011
\end{array}
$$

所以，$X \vee Y=10111011B$。

【例 1-10】　$X=10100001B$，$Y=10011011B$，求 $X \wedge Y$。

$$
\begin{array}{r}
10100001 \\
\wedge\quad 10011011 \\
\hline
10000001
\end{array}
$$

所以，$X \wedge Y=10000001B$。

（二）数的表示

1. 机器数和真值

在计算机中，无论数值还是符号，只能用 0 和 1 来表示，规定数的最高位作为符号位，即"0"表示正，"1"表示负。这种在计算机中使用的连同符号位一起数字化的数，称为机器数，机器数所表示的真实值则称为真值。

例如（以 8 位机为例，以后本书不特殊说明均指 8 位）：+18 在机器中表示为 00010010B，−18 在机器中表示为 10010010B；机器数 10110101B 所表示的真值为−53（十进制）或−0110101B（二进制）。

2. 有符号数的机器数

对有符号数，机器数常用的表示方法有原码、反码和补码三种。

(1) 原码最高位为符号位，11011 表示正，“1” 表示负，其余位表示数值的大小。设机器数位长为 n，则数 X 的原码为

$$[X]_{原}=\begin{cases}0X_1X_2\cdots X_{n-1} & (X\geqslant 0)\\ 1X_1X_2\cdots X_{n-1} & (X\leqslant 0)\end{cases}$$

其对应于原码的 111…1B～011…1B。

例如

$$[+7]_{原}=00000111B$$
$$[-7]_{原}=10000111B$$

数 0 的原码有两种不同形式

$$[+0]_{原}=000\cdots 0B$$
$$[-0]_{原}=100\cdots 0B$$

n 位原码表示数值的范围为

$$-(2^{n-1}-1)\sim +(2^{n-1}-1)$$

原码表示简单、直观，与真值间转换方便。但用其作加法、减法运算不方便，而且 0 有+0 和−0 两种表示方法。

(2) 反码规定正数的反码与其原码相同；负数的反码是对其原码逐位取反，但符号位除外。反码可表示为

$$[X]_{反}=\begin{cases}0X_1X_2\cdots X_{n-1} & (X\geqslant 0)\\ 1\overline{X}_1\overline{X}_2\cdots \overline{X}_{n-1} & (X\leqslant 0)\end{cases}$$

例如

$$[+3]_{反}=00000011B$$
$$[-3]_{反}=11111100B$$

数 0 的反码也是两种形式

$$[+0]_{反}=00000000B(全 0)$$
$$[-0]_{反}=11111111B(全 1)$$

n 位反码表示数值的范围为

$$-(2^{n-1}-1)\sim +(2^{n-1}-1)$$

其对应于反码的 100…0B～011…1B。

(3) 补码正数的补码与其原码相同；负数的补码是在其反码的末位加 1。补码的定义可用表达式表示为

$$[X]_{补}=\begin{cases}0X_1X_2\cdots X_{n-1} & (X\geqslant 0)\\ 1\overline{X}_1\overline{X}_2\cdots \overline{X}_{n-1}+1 & (X\leqslant 0)\end{cases}$$

例如

$$[+3]_{补}=00000011B$$
$$[-3]_{补}= 11111101B$$

数 0 的补码只有一个，即

$$[+0]_{补} = [-0]_{补} = 00000000B(全 0)$$

n 位补码表示数值的范围为

$$-2^{n-1} \sim +(2^{n-1}-1)$$

其对应于补码的 100…0 B～0 1 1 1 1 1 1 1 B。补码还原为真值的方法是：补码、原码、真值。或者说，若补码的符号位为 0，则其后的数值的值即为真值，且为正；若符号位为 1，则应将其后的数值位按位取反加 1，所得结果才是真值，且为负。

目前各微型计算机大都以补码作为机器码，原因是补码的减法运算可变为加法运算，从而省掉减法器电路，而且其符号位与数值位一起参加运算，运算后能自动获得正确结果。

在日常生活中有许多“补”数的事例。如钟表，假设标准时间为 6 点整，而某钟表却指在 9 点，若要把表拨准，则有两种拨法：一种是倒拨 3 小时，即 9－3＝6；另一种是顺拨 9 小时，即 9 ＋9 ＝6。尽管将表针倒拨或顺拨不同的时数，但却得到相同的结果，即 9－3与 9＋9 是等价的。这是因为钟表采用 12 小时进位，超过 12 就从头算起，即 9＋9＝12＋6，该 12 称为模（mod）。

综上所述，可以得出以下结论：

原码、反码和补码的最高位都是表示符号位。符号位为 0 时，表示真值为正数，其余位为真值。符号位为 1 时，表示真值为负，其余位除原码外不再是真值；对于反码，需按位取反才是真值；对于补码，则需按位取反加 1 才是真值。

对于正数，三种编码都是一样的，即 $[X]_{原} = [X]_{反} = [X]_{补}$；对于负数，三种编码互不相同。所以，原码、反码和补码本质上是用来解决负数在机器中表示的三种不同的编码方法。

二进制位数相同的原码、反码、补码所能表示的数值范围不完全相同。以 8 位为例，其表示的真值范围分别为

$$\begin{cases} 原码：-127 \sim +127 \\ 反码：-127 \sim +127 \\ 补码：-128 \sim +127 \end{cases}$$

3. 无符号数的机器数

无符号数在计算机中通常有两种表示方法。

（1）位数不等的二进制码，将所有位数均用来表示数的大小。

（2）BCD（Binary－Coded Decimal）码又称“二—十进制代码”，是一种用二进制编码的十进制代码，既满足人们最熟悉的是十进制的习惯，又能让计算机接受。BCD 码用二进制数码来表示十进制数，既具有二进制的形式，又具有十进制的特点，便于数据传递处理。其表示形式有两种：压缩 BCD 码和非压缩 BCD 码。前者每位 BCD 码用 4 位二进制表示，1 个字节（8 位二进制）表示 2 位 BCD 码；后者每位 BCD 码用 1 个字节表示，高 4 位总是 0000，低 4 位的 0000～1001 表示十进制数码 0～9，0～9 所对应的二进制码如表 1－6 所示。

表 1-6　　十进制数码与 BCD 码对照表

十进制数码	0	1	2	3	4	5	6	7	8	9
二进制码	0000	0001	0010	0011	0100	0101	0110	0111	1000	1001

【例 1-11】　对 93 编写 BCD 码。

用压缩 BCD 码表示，则需用 1 个字节（8 位二进制），即

1001 0011 B

9　3

用非压缩 BCD 码表示，则需用 2 个字节（16 位二进制），即

00001001 00000011 B

9　3

在应用计算机解决实际问题时，常常需要在这几种机器码之间进行转换。

4. 字符编码 ASCII 码

字符常用的编码就是 ASCII 码，是“美国标准信息交换代码”（American Standard Code for Information Interchange）的简称，编码表见附录 A，这是目前国际上最为流行的字符信息编码方案。ASCII 码包括 0～9 共 10 个数字、大小写英文字母及专用符号等 94 种可打印字符，还有 34 种控制字符（如回车、换行等）。一个字符的 ASCII 码通常占一个字节，由 7 位二进制数编码组成，所以 ASCII 码最多可表示 128 个不同的符号。由于没有用到字节的最高位，很多系统利用这一位作为校验码，以便提高字符信息传输的可靠性。

例如，数字 0～9 用 ASCII 编码表示的十六进制形式为 30H～39H，30H 转化成二进制为 0110000B，这就是机器内数字 0 的 ASCII 码表示。

5. 信息的表示与输入输出

信息是多种多样的，如文字、数字、图像、声音以及各种仪器输出的电信号等，在单片机内部均采用 0 和 1 的数字化信息编码。除了内部均用二进制来表示各种信息以及运算外，单片机还要从外界将各种形式的信息输入，如文字、数字、按键信息等；同时也要将运算结果传输到外界，如向某些器件发送控制码等，不同的信息需要采用不同的编码方案，二进制数可被看做是数值信息的一种编码。所有这些信息的传送与接收处理都必须采用二进制编码，由一些专用的外围设备和软件来实现转换。由外界信息转化为二进制编码的过程称为数字化，通过这些转换，人们几乎感觉不到计算机内部二进制的存在。

三、任务操作

步骤 1　机器人系统硬件拆卸

图 1-27 是已经组装完好的宝贝车机器人。本任务将指导如何拆卸宝贝车机器人。

1. 拆卸工具

图 1-28 所示的工具都是比较通用，在一些五金商店也可以买到，包括：Parallax 螺丝起子、组合扳手、尖嘴钳。

图 1-27　宝贝车机器人

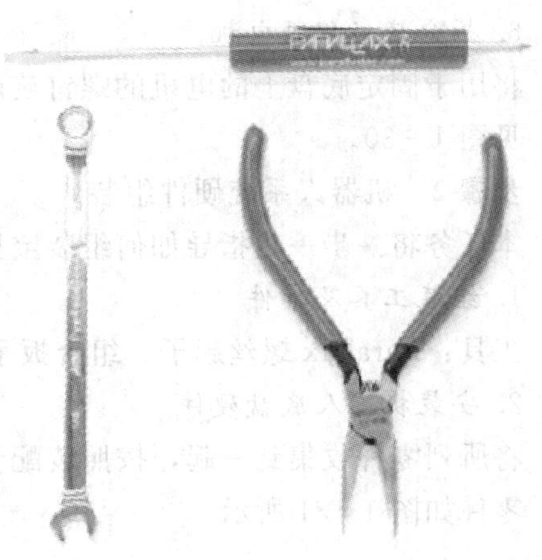

图 1-28　宝贝车机器人组装工具

2. 断开底板与教学板接线

先卸下底板电源盒的电池，将底板的电源线和伺服电机控制线从教学板上断开。

工程规范提示：

在对电子产品进行线路操作时，需断电操作，以保证用电安全。

3. 拆分底板与教学板

用 Parallax 螺丝起子将底板上支撑教学板的四个小柱子顶部的螺丝旋起，以拆分开底板与教学板。

工程规范提示：

在拆卸电子产品时，请准备一个专门的多格的盒子，将拆卸下来的所有元件分类放好，特别是像螺丝这类小元件，稍不注意就容易弄丢。

4. 拆分底板与车轮

将用于固定轮子的螺钉旋起卸掉，存放好，小心地将轮子从底板上拆下。

5. 拆分底板电源盒

将用于固定底板电池盒的平头螺钉和螺母旋起，卸下，存放好。

如图 1-29 所示：将电池盒的电源连接线从底盘中间带有橡胶圈的孔拔出。

(a)

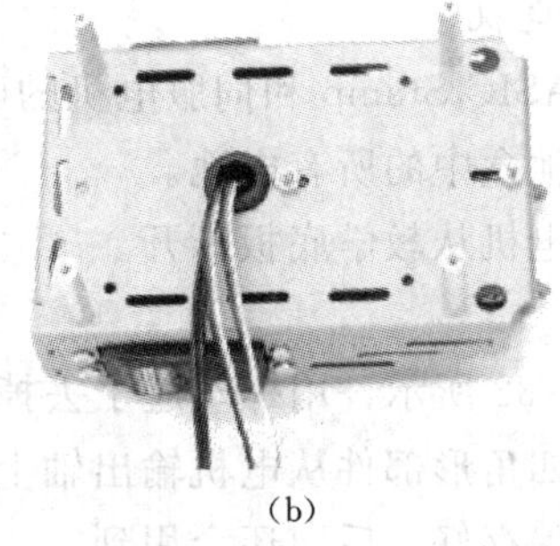

(b)

图 1-29　机器人底板

6. 拆分底板伺服电机

将用于固定底盘上的电机的螺钉旋起，存放好，从里面小心地将电机从矩形窗口中折出，见图 1-30。

步骤 2 机器人系统硬件组装

本任务将一步一步指导如何组装宝贝车机器人。

1. 组装工具及部件

工具：Parallax 螺丝起子、组合扳手、尖嘴钳。

2. 安装机器人底盘硬件

将所列零件收集到一起，按照装配步骤一步一步进行。

零件如图 1-31 所示。

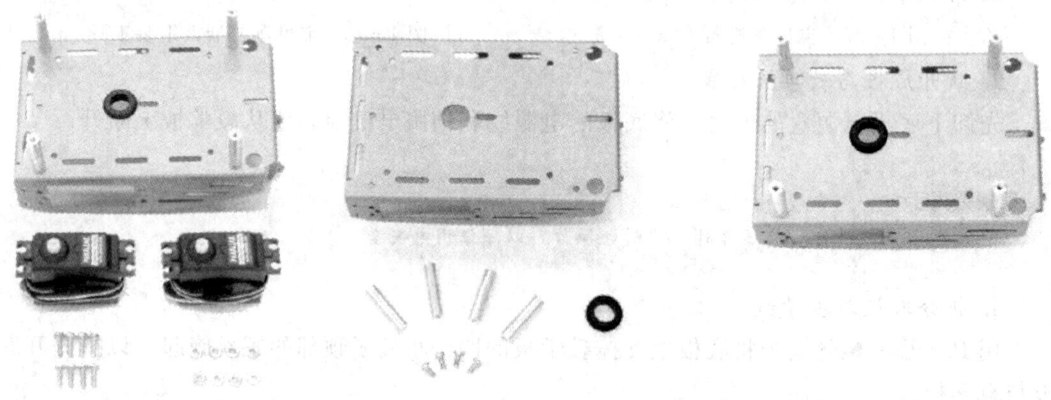

图 1-30 机器人底板零件　　图 1-31 底板及上面的硬件

(1) Boe-Bot 底盘。

(2) 螺柱。

(3) 盘头螺钉。

(4) 13/32 英寸的橡胶圈。

装配步骤：

(1) 将 13/32 英寸的橡胶套圈插到 Boe-Bot 底盘中心的孔内。

(2) 确保底盘中心孔的边缘嵌在橡胶圈的凹槽中。

(3) 用 4 个螺钉将螺柱如图 1-33 所示固定在底盘上。

3. 拆除伺服电机

(1) 断开 BASIC Stamp 和伺服电机的电源。

(2) 取出电池盒中的所有电池。

(3) 把伺服电机从教学底板断开。

步骤：

(1) 如图 1-32 所示，用螺丝起子去掉连接伺服喉和电机输出轴之间的螺钉。

(2) 将每个四角形部件从电机输出轴上取下来。

(3) 将螺钉保存好，后面还会用到。

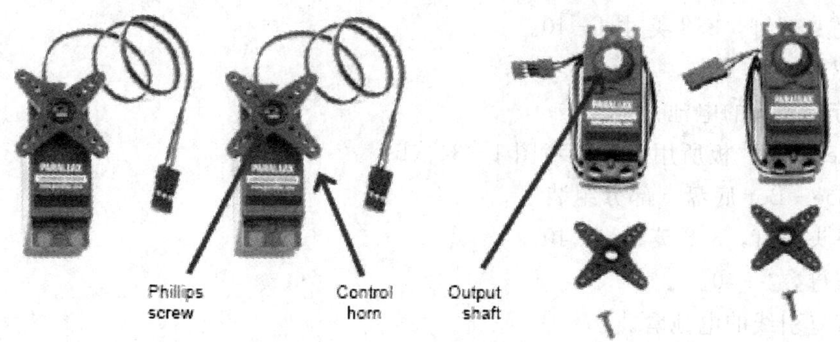

图 1-32 伺服喉零件

4. 将电机安装到底盘上

零件如图 1-33 所示。

(1) Boe-Bot 底盘（已部分组装好）。

(2) 连续旋转电机。

(3) 螺钉 3/8 英寸 4-40。

(4) 螺母，4-40。

步骤：

(1) 用螺钉和螺母将电机固定在底盘上。为了最好的性能，必须从里面，而不是从外面把电机放入矩形窗口。

(2) 用标签纸标识伺服电机的左右轮。

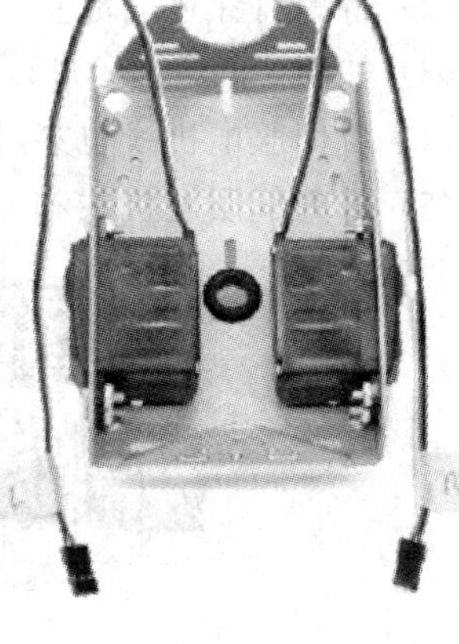

图 1-33 把电机安装到底盘上

5. 安装电池盒

图 1-34 所示是两组不同的部件。如果有教学板就使用左边的部件；如果有“HomeWork”板，则使用右边的部件。

教学板（C 型）所用部件参考图 1-34（a）。

(1) Boe-Bot 底盘（部分组装）。

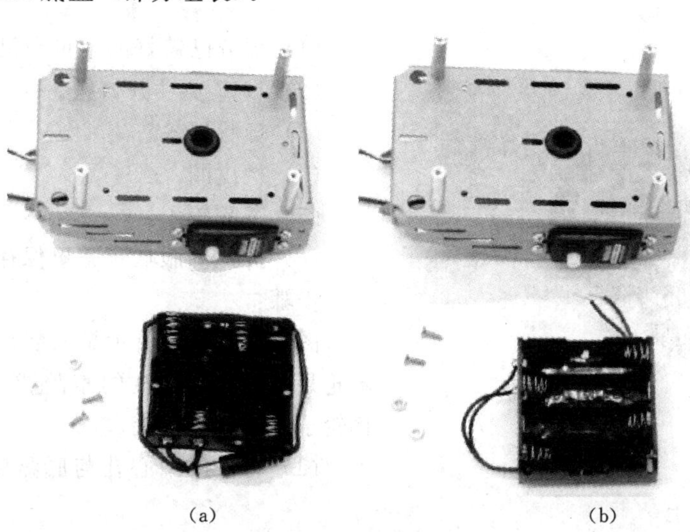

(a) (b)

图 1-34 电池盒

(2) 平头螺钉，3/8 英寸 4 - 40。

(3) 螺母，4 - 40。

(4) 带有插头的电池盒。

“HomeWork”板所用部件参考图 1 - 34（b）。

(1) Boe - Bot 底盘（部分组装）。

(2) 平头螺钉，3/8 英寸 4 - 40。

(3) 螺母，4 - 40。

(4) 带有引线的电池盒。

步骤：

(1) 用平头螺钉和螺母将电池盒固定在宝贝车机器人的底盘下面。

(2) 将螺钉穿过电池盒，然后在底盘上面用螺母紧固。

(3) 如图 1 - 35（b）所示：将电池盒的电源连接线穿过底盘中间带有橡胶圈的孔。

(4) 将伺服电机线也穿过此孔。

(5) 排列伺服电机线和电源线如图 1 - 35 所示。

(a)

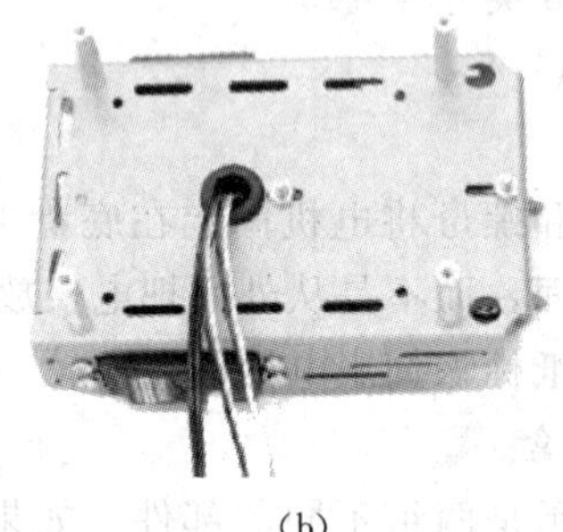

(b)

图 1 - 35　轮子部件

6. 安装轮子

部件见图 1 - 36。

图 1 - 36　轮子部件

(1) 部分已装好的宝贝车机器人。

(2) 1/16 英寸开口销。

(3) 球状尾轮。

(4) 橡皮圈。

(5) 塑胶轮子。

(6) 拆掉伺服喉步骤里保存的螺钉。

步骤：

图 1 - 37 左侧所示是安装在底盘上的尾轮。尾轮是一个有中心孔的塑胶球。开口销作为轴将轮子固定在底盘上。

(1) 轮子的中心孔与底盘尾部的中心孔对准在一条水平线上。

(2) 将开口销同时穿过这三个孔（底盘左侧，尾轮，底盘右侧）。

图 1-37　安装轮子

（3）将开口销一端弯曲使它不会滑出孔。

（4）拉伸橡皮圈，把它套在每个轮子上。

（5）每个轮子有一个凹槽用于把它安装到输出轴上。将两个轮子分别压在输出轴上，确保两个轴高度一致，并已装进轮子的凹槽。

（6）用螺钉将轮子固定在输出轴上。

7. 把教学底板安装到底盘上

用教学板的 Boe-Bot 机器人所用部件，参考图 1-38（a）。

(a)　　　(b)

图 1-38　Boe-Bot 机器人底盘和教学板

（1）Boe-Bot 机器人底盘（部分组装好）。

（2）平头螺钉 1/4 英寸 4-40。

（3）带 BASIC Stamp 2 的教学板。

用“HomeWork”板的 Boe - Bot 机器人所用部件，参考图 1 - 38（b）。

（1）Boe - Bot 机器人底盘（部分组装好）。

（2）平头螺钉 1/4 英寸 4 - 40。

（3）BASIC Stamp“HomeWork”板。

图 1 - 39 所示是伺服电机和 C 型教学板［图 1 - 39（a）］以及“HomeWork”板［图 1 - 39（b）］的连接。

（1）连接伺服电机到教学底板上的电机接口处。

（2）将贴着“L”的插头连接到 P13 端口，贴着“R”的插头连接到 P12 端口。

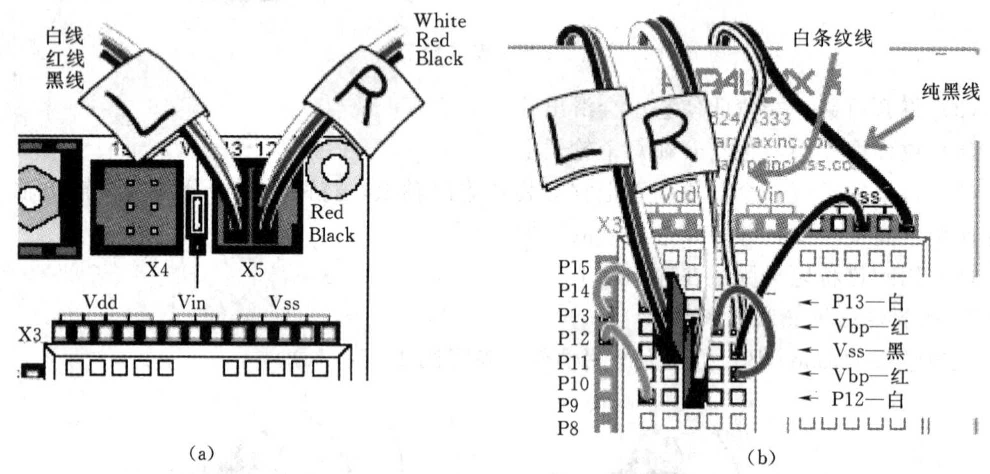

（a）　（b）

图 1 - 39　伺服系统的连接

宝贝车机器人的底盘和它们各自的主板之间的连接步骤：

（1）将主板放在四个支架上使其与四个孔对齐。

（2）确保面包板接近驱动轮而不是尾轮。

（3）用平头螺钉连接主板和支架。

图 1 - 40 是安装好的宝贝车机器人，图 1 - 40（a）带 C 型教学板，图 1 - 40（b）带

（a）　（b）

图 1 - 40　安装好的 Boe - Bot 机器人

"HomeWork" 板。

(1) 从底盘下面，拉出剩余的穿过橡胶圈的伺服电机线和电池线。

(2) 卷起伺服电机和底盘之间剩余的线。

四、拓展训练

请自行拆卸、组装宝贝车机器人。

任务4 电 机 调 试

一、任务描述

(1) 本任务主要通过控制机器人电机调试的设计，学会使用单片机控制的机器人的完整操作流程。

(2) 本任务所需的元器件：PC机1台、机器人车体及系统板1套，串口电缆1根，ISP下载线1根。(以上的元器件都是本书后面各个任务都要用到的基本套件，后面任务中不再重复列出这些必需的套件)

二、任务操作

步骤1 机器人电机控制电路

按照任务1介绍的步骤，将机器人电源接好，机器人伺服电机控制线接好，将ISP下载线连接PC机和机器人教学板。然后打开电源。

步骤2 机器人右电机调试例程下载、运行

例程：FirstTest.asm

(1) 确保控制器和伺服电机都已接通电源

(2) 输入、保存、编译、下载并运行程序FirstTest.asm。

(3) 观察机器人是否使右轮顺时针旋转5s，停止5s，然后逆时针旋转5s。

```
        ORG     0000H
        LJMP    MAIN
;**************右电机顺时针转5s*****************
        MOV     R0,       #200
MAIN:   CLR     TR0             ;关闭T0
        MOV     TMOD,#01H       ;选择工作方式1
        MOV     TL0,#0ECH       ;赋初值,延时1.3ms
        MOV     TH0,#0FAH
        SETB    P1.0            ;P1.0(右电机)置高,顺时针旋转
        SETB    TR0             ;启动T0
RIGHT:  JBC     TF0,LEFT        ;查询计数是否溢出,溢出清TF0,转LEFT
        SJMP    RIGHT           ;定时时间未到,继续等待
LEFT:   CLR     P1.0            ;P1.0置低
```

```
        CLR     TR0             ;关闭 T0
        MOV     TL0,#0E0H       ;延时 20ms
        MOV     TH0,#0B1H
        SETB    TR0
LOW2:   JBC     TF0,LOW3
        SJMP    LOW2
LOW3:   DJNZ    R0,  MAIN
;**************右电机停止 5s*****************
        MOV     R0,     #200
LOW4:   CLR     TR0
        MOV     TMOD,#01H
        MOV     TL0,#1AH        ;赋初值,延时 1.5ms,电机静止
        MOV     TH0,#0D4H
        SETB    P1.0
        SETB    TR0             ;启动 T0
RIGHT1: JBC     TF0,LEFT1       ;查询计数是否溢出,溢出清 TF0,转 LEFT
        SJMP    RIGHT1          ;定时时间未到,继续等待
LEFT1:  CLR     P1.0            ;P1.0 置低
        CLR     TR0             ;关闭 T0
        MOV     TL0,#0E0H       ;延时 20ms
        MOV     TH0,#0B1H
        SETB    TR0
LOW5:   JBC     TF0,  LOW6
        SJMP    LOW5
LOW6:   DJNZ    R0,  LOW4
;**************右电机逆时针转 5s*****************
        MOV     R0,     #200
LOW7:   CLR     TR0
        MOV     TMOD,#01H
        MOV     TL0,#0E1H       ;赋初值,延时 1.7ms
        MOV     TH0,#0F9H
        SETB    P1.0            ;P1.0(右电机)置高,逆时针旋转
        SETB    TR0             ;启动 T0
RIGHT2: JBC     TF0,LEFT2       ;查询计数是否溢出,溢出清 TF0,转 LEFT
        SJMP    RIGHT2          ;定时时间未到,继续等待
LEFT2:  CLR     P1.0            ;P1.0 置低
        CLR     TR0             ;关闭 T0
        MOV     TL0,#0E0H       ;延时 20ms
        MOV     TH0,#0B1H
        SETB    TR0
LOW8:   JBC     TF0,  LOW9
        SJMP    LOW8
LOW9:   DJNZ    R0,  LOW7
        END
```

例程：FirstTest. ASM 解读及操作流程

本例程主要实现了单片机控制机器人右电机旋转，以后会有专门任务来介绍本程序如何得来，现行的任务主要是了解控制机器人前进的工作流程。

1. 创建与编辑第一个程序

双击 Keil uVision IDE 的图标，启动 Keil uVision IDE 程序，会得到如图 1-41 所示的 Keil uVision2 IDE 的主界面。通过用 Project 菜单中的 New Project 命令建立项目文件，过程如下：

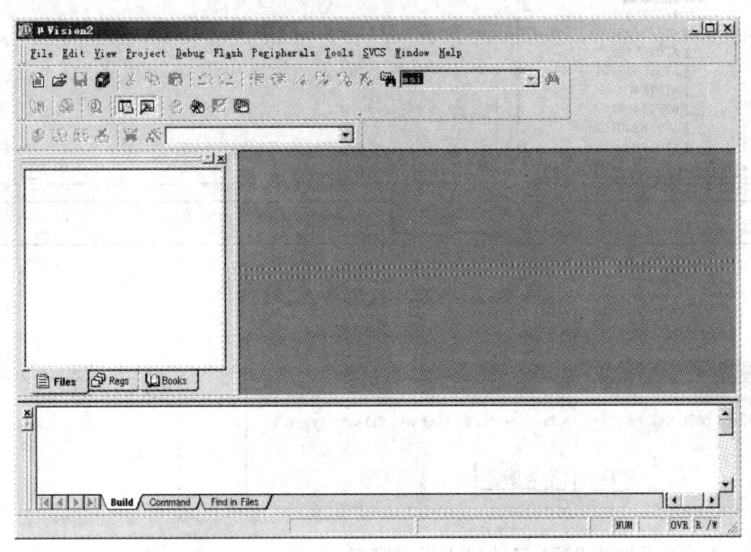

图 1-41 Keil uVision IDE 的主界面

(1) 点击“Project”菜单，会出现如图 1-42 所示的菜单画面，然后选择“New Project”，将出现新建项目对话框。

(2) 在文件名中输入如“FirstTest”，保存在相应位置，可不用加后缀名，点击“保存”按钮，会出现如图 1-43 所示的窗口。

图 1-42 Project 菜单画面

(3) 这里要求选择芯片的类型，Keil uVision2 IDE 几乎支持所有的 51 核心单片机，并以列表的形式给出。本书使用的是 Atmel 公司的 AT89S52，在 Keil uVision2 IDE 提供的数据库（Data base）列表中找到此款芯片，然后点击“确定”按钮，会出现如图 1-44 所示的窗口，询问是否加载 8051 启动代码，在这里选择“否”按钮，不加载（如果选择“是”按钮，对程序的运行没有任何影响。若感兴趣，可选择“是”按钮，了解编译器加载了哪些代码）。之后会出现如图 1-45 所示画面，此时即得到了项目文件。

项目文件创建后，这时只有一个框架，紧接着需要向项目文件中添加程序文件内容。Keil uVision2 支持汇编程序。可以是已经建立好的程序文件，也可以是新建的程序文件。

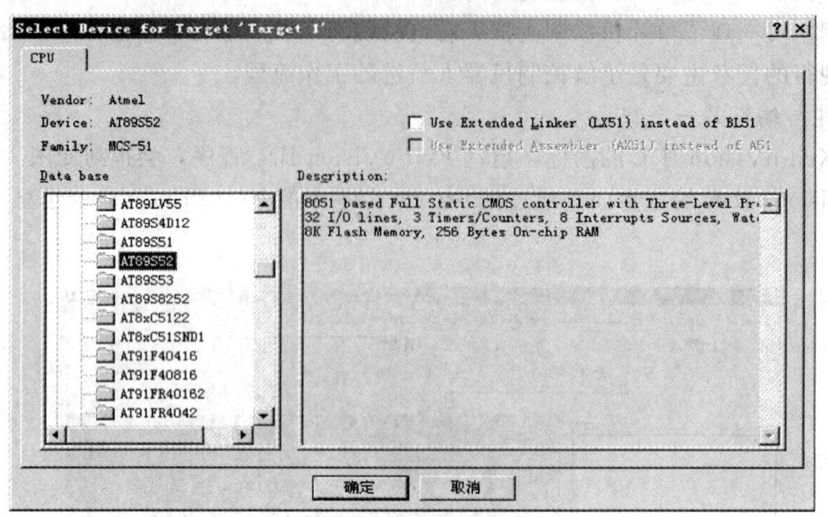

图 1-43　单片机型号选择窗口

图 1-44　是否加载 8051 启动代码提示窗口

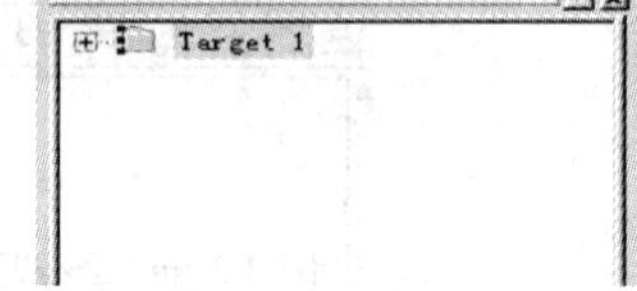

图 1-45　目标工程窗口

如果是新建立的程序文件，则先将程序文件 .asm 存盘后再添加；如果是建立好了的程序文件，则直接用下面的方法添加：

点击 按钮（或通过“File→New”操作）为该项目新建一个文件，保存后弹出一个对话窗口，将文件保存在项目文件夹中，在文件类型中填写“.asm”（这里“.asm”为文件扩展名，表示此文件类型为汇编语言源文件）。

2. 添加该文件到目标工程项目

将例程 FirstTest.asm 输入 Keil uVision IDE 的编辑器，并以文件名 FirstTest.asm 保存。下一步就是添加该文件到目标工程项目了，其具体添加过程如下。

（1）单击图 1-45 中的“+”号，将出现图 1-46 所示的列表。

（2）然后右键点击“Source Group 1”，在出现的菜单下选择“Add File To Group ‘Source Group 1’”，出现 Add Files to Group Source ‘Group1’ 对话框。在该对话框中选择需要添加的程序文件，点击“Add”按钮即可，一次可添加多个文件。

（3）程序文件添加到项目文件中去后，这时图 1-46 中“Source Group 1”的前面将出现一个“+”号；单击它将会展开（“+”变成“-”号），出现刚才添加的源文件名，如图 1-47 所示。

双击源文件即可显示源文件的编辑界面。

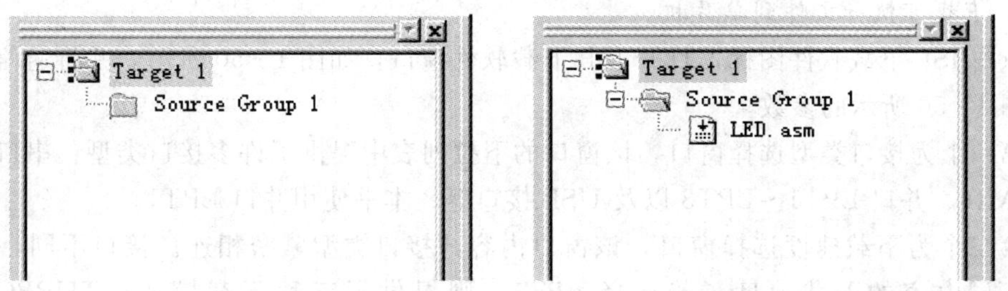

图 1-46　添加 C 语言文件到目标工程　　　图 1-47　添加了汇编语言文件的目标工程

3. 生成 *.hex 可执行文件

（1）要产生可执行的 .hex 文件，需要对目标工程“Target 1”进行编译设置。右键点击“Target 1”，选择“Option for target ‘Target 1’”。点击“output”标签，选择其中的“Create HEX File”复选框，如图 1-48 所示，点击“确定”按钮关闭设置窗口。

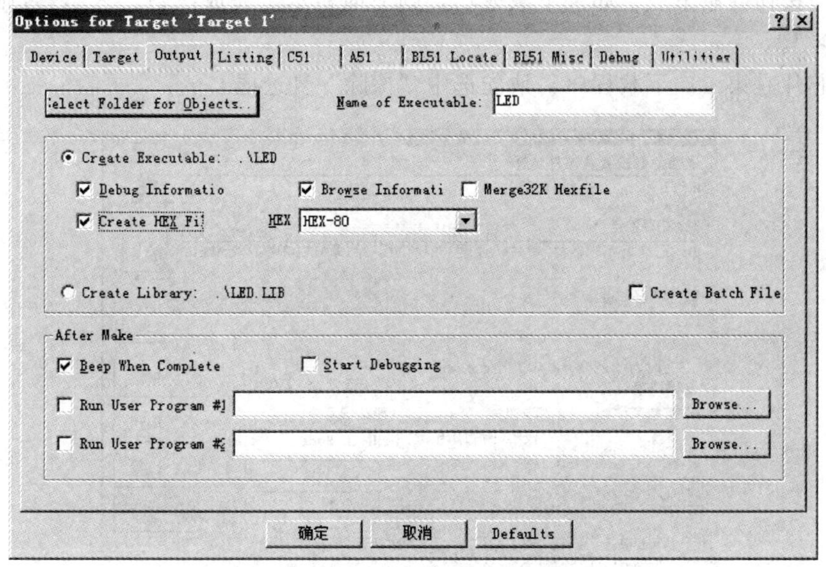

图 1-48　设置目标工程的编译输出文件类型

（2）点击 Keil uVision IDE 快捷工具栏中的 [图标]，Keil 的编译器开始根据要生成的目标文件类型对目标工程项目中的源文件进行编译。编译过程中，可以观察到源文件中有没有错误产生，如果没有错误产生，在 IDE 主窗口的下面出现如图 1-49 的提示信息，表明已成功生成了可执行文件，自动以文件名 FirstTest.HEX 存储在源程序存储的目录中。

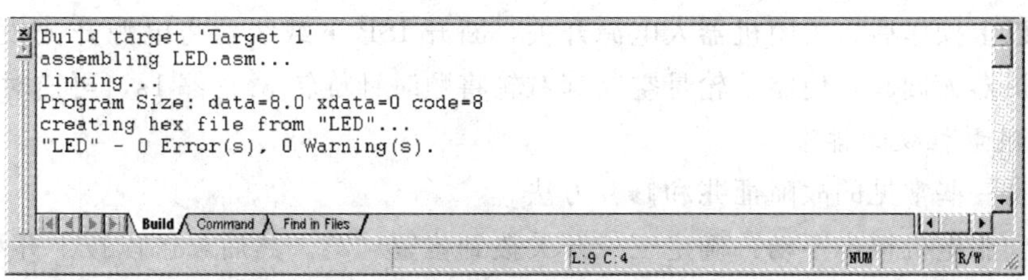

图 1-49　编译过程的输出提示信息

4. 下载可执行文件到单片机

点击 ISP 下载软件图标，打开 ISP 下载软件窗口，如图 1-50 所示，并将通信参数设置成图 1-50 所示的参数。

第一个为接口类型选择窗口，该窗口的下拉列表中提供了许多接口类型：串口 COM1～COM16、并口 LPT1～LPT3 以及 USB 接口等。本书使用并口 LPT1。

第二个为下载速度选择窗口，该窗口内容与接口类型紧密相连。接口不同，窗口就提供不同内容的下载速度。若选择 LPT1，则提供了五种下载模式：TURBO 模式、FAST 模式、NORMAL 模式、SLOW 模式和 TURBO SLOW 模式。在这五种模式下，程序下载速度依次减小。本书中的例程使用的是第一个模式 TURBO 模式，下载速度最快。

第三个为单片机型号选择窗口。

点击“Flash”按钮，选择要下载的可执行 HEX 文件——FirstTest. HEX，选择后点击“编程”按钮开始下载。如果下载成功，则下面显示“完成次数：×”，否则显示“失败次数：×”。

如果芯片是第二次下载程序，请先选中“擦除”复选框。

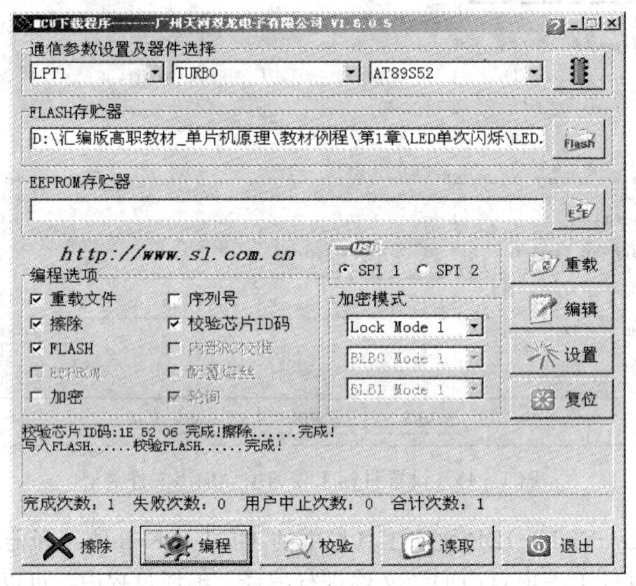

图 1-50 ISP 软件下载窗口

5. 观察执行结果

完成以上操作后，关闭机器人电源开关，断开 ISP 下载线，将电源开关拨到“2”档位置，将机器人搁起，使驱动轮悬空，其右轮将顺时针旋转 3s，停 1s，再逆时针旋转 3s。

6. 伺服电机故障排除

下面是一些常见的故障征兆和修补方法。

（1）伺服电机根本不动：确定三位开关拨到位置“2”。然后，可以按下并释放复位按钮，重新运行程序；仔细检查伺服电机接线；检查程序输入是否正确。

(2) 右边的伺服电机不转，但是左边的转：这意味着伺服电机控制线接反了。断开电源，拔下伺服电机两根控制线，交换连接好，打开电源，重新运行。

(3) 轮缓慢旋转，不能完全停下来：这意味着伺服电机没有正确地调零。

三、拓展训练

请自行调试左轮电机。提示：将刚才的右轮电机控制线拔下，接到左轮电机，重复以上操作。

任务5 学 生 实 践

学生动手，在面包板或是焊接板上实现前面任务中的电路，并按照基本流程操作，最终整机调试成功。

项 目 习 题

一、选择题

1. 在微型计算机中，负数常用________表示。

A. 原码　　B. 反码　　C. 补码　　D. 真值

2. 将十进制数 215 转换成对应的二进制数是________。

A. 11010111　　B. 11101011　　C. 10010111　　D. 10101101

3. 将十进制数 98 转换成对应的二进制数是 ________。

A. 1100010　　B. 11100010　　C. 10101010　　D. 1000110

4. 十进制数 126 对应的十六进制数可表示为________。

A. 8F　　B. 8E　　C. FE　　D. 7E

5. 二进制数 110110110 对应的十六进制数可表示为 ________。

A. 1D3H　　B. 1B6H　　C. DB0H　　D. 666H

6. −3 的补码是________。

A. 10000011　　B. 11111100　　C. 11111110　　D. 11111101

7. 在计算机中“A”是用________来表示。

A. BCD 码　　B. 二一十进制　　C. 余三码　　D. ASCII 码

8. 将十六进制数 $(1863.5B)_{16}$ 转换成对应的二进制数是________。

A. 1100001100011.0101B　　B. 1100001100011.01011011

C. 1010001100111.01011011　　D. 100001111001.1000111

9. 将十六进制数 6EH 转换成对应的十进制数是________。

A. 100　　B. 90　　C. 110　　D. 120

10. 已知 $[X]_{补}=00000000$，则真值 $X=$________。

A. +1　　B. 0　　C. −1　　D. 以上都不对

11. 已知 $[X]_{补}$=01111110，则真值 X=________。

A. +1　　B. −126　　C. −1　　D. +126

12. 十六进制数 $(4F)_{16}$ 对应的十进制数是________。

A. 78　　B. 59　　C. 79　　D. 87

13. 单片机在调试过程中，通过查表将源程序转换成目标程序的过程称为________。

A. 汇编　　B. 编译　　C. 自动汇编　　D. 手工汇编

14. MCS-51 单片机的 CPU 主要的组成部分为________。

A. 运算器、控制器　　B. 加法器、寄存器

C. 运算器、加法器　　D. 运算器、译码器

15. 单片机中的程序计数器 PC 用来________。

A. 存放指令　　B. 存放正在执行的指令地址

C. 存放下一条指令地址　　D. 存放上一条指令地址

16. 单片机上电后或复位后，工作寄存器 R0 是在________。

A. 0 区 00H 单元　　B. 0 区 01H 单元　　C. 0 区 09H 单元　　D. SFR

17. 单片机 8051 的 XTAL1 和 XTAL2 引脚是________引脚。

A. 外接定时器　　B. 外接串行口　　C. 外接中断　　D. 外接晶振

18. 8051 单片机的 VSS（20）引脚是________引脚。

A. 主电源+5V　　B. 接地　　C. 备用电源　　D. 访问片外存储器

19. 8051 单片机的 VCC（40）引脚是________引脚。

A. 主电源+5V　　B. 接地　　C. 备用电源　　D. 访问片外存储器

20. 8051 单片机 ________口是一个 8 位漏极型开路型双向 I/O 端口。

A. P0　　B. P1　　C. P2　　D. P3

21. MCS-51 复位后，程序计数器 PC=________。即程序从________开始执行指令。

A. 0001H　　B. 0000H　　C. 0003H　　D. 0023H

22. 8051 的程序计数器 PC 为 16 位计数器，其寻址范围是________。

A. 8KB　　B. 16KB　　C. 32KB　　D. 64KB

23. 单片机应用程序一般存放在________中。

A. RAM　　B. ROM　　C. 寄存器　　D. CPU

二、判断题

（　　）1. 已知 $[X]_{原}$=0001111，则 $[X]_{反}$=11100000。

（　　）2. $[-86]_{原}$=11010110，$[-86]_{反}$=10101001，$[-86]_{补}$=10101010。

（　　）3. 已知 $[X]_{原}$=11101001，则 $[X]_{反}$=00010110。

（　　）4. 1B=400H。

（　　）5. 800H=2B。

（　　）6. 十进制数 89 化成二进制数为 10001001。

（　　）7. 因为 10000H=64KB，所以 0000H～FFFFH 一共有 63KB 个单元。

（　　）8. 十进制数 89 的 BCD 码可以记为 89H。

(　　) 9.8 位二进制数原码的大小范围是－127～＋127。

(　　) 10.8 位二进制数补码的大小范围是－127～＋127。

(　　) 11. MCS－51 单片机是高档 16 位单片机。

(　　) 12. MCS－51 的产品 8051 与 8031 的区别是：8031 片内无 ROM。

(　　) 13. 单片机的 CPU 从功能上可分为运算器和存储器。

(　　) 14. MCS－51 的指令寄存器是一个 8 位寄存器，用于暂存待执行指令，等待译码。

(　　) 15. MCS－51 的指令寄存器是对指令寄存器中的指令进行译码，将指令转变为执行此指令所需要的电信号。

(　　) 16. 8051 的累加器 ACC 是一个 8 位的寄存器，简称为 A，用来存储一个操作数或中间结果。

(　　) 17. 8051 的程序状态字寄存器 PSW 是一个 8 位的专用寄存器，用于存储程序运行中的各种状态信息。

(　　) 18. MCS－51 的程序存储器用于存放运算中间结果。

(　　) 19. MCS－51 的数据存储器在物理上和逻辑上都分为两个地址空间：一个是片内的 256B 的 RAM，另一个是片外最大可扩充 64KB 的 RAM。

(　　) 20. 单片机的复位有上电自动复位和按钮手动复位两种，当单片机运行出错或进入死循环时，可按复位键重新启动。

(　　) 21. CPU 的时钟周期为振荡器频率的倒数。

(　　) 22. 单片机的一个机器周期是指完成某一个规定操作所需的时间，一般情况下，一个机器周期等于一个时钟周期。

(　　) 23. 单片机的指令周期是执行一条指令所需要的时间。一般由若干个机器周期组成。

(　　) 24. 单片机系统扩展时使用的锁存器，是用于锁存高 8 位地址。

(　　) 25. MCS－51 单片机上电复位后，片内数据存储器的内容均为 00H。

(　　) 26. 当 8051 单片机的晶振频率为 12MHz 时，ALE 地址锁存信号端的输出频率为 2MHz 的方脉冲。

(　　) 27. 8051 单片机片内 RAM 从 00H～1FH 的 32 个单元，不仅可以作为工作寄存器使用，而且可作为 RAM 来读写。

(　　) 28. MCS－51 单片机的片内存储器称为程序存储器。

(　　) 29. MCS－51 单片机的数据存储器是指外部存储器。

(　　) 30. MCS－51 单片机的特殊功能寄存器集中布置在片内数据存储器的一个区域中。

(　　) 31. 微机控制系统的抗干扰问题是关系到微机应用成败的大问题。

三、简答题

1. 单片机的含义是什么？它有哪些主要特点？

2. 简述单片机发展的历史和其主要发展趋势。

3. 简述单片机常用的系列、品种。AT89C51 系列单片机的主要特征是什么?

4. 简述单片机程序存储器和数据存储器的区别。

5. 简述单片机应用系统开发的基本方法。

6. 将下列二进制和十六进制数转换为十进制数。

(1) 11011B (2) 0.01B (3) 10111011B (4) EBH

7. 将下列十进制数转换为二进制和十六进制数。

(1) 255 (2) 127 (3) 0.90625 (4) 5.1875

8. 机器数、真值、原码、反码和补码如何表示?

9. 设计器字长为 8 位，求下列数值的二进制、十六进制原码、反码和补码。

(1) +0 (2) −0 (3) +33 (4) −33 (5) −127

10. 将下列数看成无符号数时，对应的十进制数是多少? 若将其看成有符号数的补码，则对应的十进制数是多少?

(1) 10100001B (2) 10000000B

11. 若要访问外部 32KB 的存储空间，假设每个存储单元是 1 个字节，试计算需要多少根地址线。

项目2　机器人的基本运动控制

项目目标

知识目标：①熟悉单片机的指令格式及寻址方式；②掌握常用的指令及伪指令；③熟悉单片机的程序设计结构——顺序设计、分支设计、循环程序设计；④熟悉单片机的定时/计数器。

能力目标：①具备机器人系统硬件搭建的能力；②具备整机调试的能。

素质目标：①培养学生具有良好的职业道德和敬业精神；②培养学生的方法能力、社会能力；③培养学生的计划组织能力。

工作任务（载体）

任务1　机器人指示灯亮、灭控制

任务2　机器人指示灯闪烁控制

任务3　机器人伺服电机控制

任务4　机器人基本巡航动作

任务5　调用子程序简化运动程序

任务6　机器人巡航动作的键选控制

任务7　学生实践

任务1　机器人指示灯亮、灭控制

一、任务描述

（1）本任务利用P1端口第1脚（记为P1.0）控制一个LED发光二极管的亮、灭。

（2）本任务用到的元器件：红色发光二极管1个、470Ω电阻1个。

二、知识点归纳与讲解

（一）汇编语言结构（顺序结构程序设计）、格式

HighLowLed. ASM中编写的程序，属于顺序结构，程序执行的流程是从上至下按顺序执行。

顺序结构程序是一种最简单、最基本的程序，它的特点是按程序编写的顺序依次执行，程序流向不变。这类程序是所有复杂程序的基础，或某个组成部分。

指令必定有个写法上格式的约定。

汇编语言的格式见图 2-1。

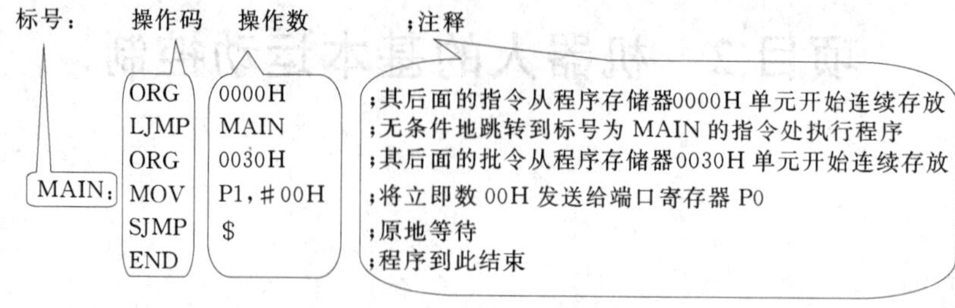

图 2-1 汇编语言的格式

(1) 标号段：标号是用户设定的一个符号，表示该指令存放的存储单元地址。标号与操作码之间用冒号作为分隔符。标号是以字母开始的 1～8 个字母或数字串组成，命名不能与指令助记符、伪指令或寄存器名相同。

如：MAIN：MOV P1，#00H，该指令中标号表示本条指令存放在程序存储区中以名字叫 MAIN 的地址为起始地址的连续单元中。

标号是任选的，并不是每条指令或数据存储单元都需要有标号，只在需要时才设标号。一旦使用某标号定义一个地址单元，在程序的其他地方就不能随意修改这个定义，也不能重复定义。

如：LJMP MAIN，该指令没有标号，分隔符——冒号也就不需要了。

(2) 操作码段：表示命令单片机做什么操作，在指令中它是必不可少的。如 MAIN：MOV P1，#00H 的操作码 MOV 表示将数据进行传送的操作。

(3) 操作数段：参与操作的数据或数据的地址，指令中操作数可有可无，可有多个。若有两个以上的操作数，各操作数间以逗号隔开。表示操作数的方法有许多种，例如既可用 3 种数制（二、十、十六进制码）表示，如 MAIN：MOV P1，#00H 中的 00H，也可用标号及表达式来表示，如 LJMP MAIN 中的 MAIN。

(4) 注释段：对本指令的解释说明。在汇编时，它不被译成任何机器码，不影响机器的汇编结果。

工程规范提示：

在具体工程过程中，指令的注释段是必不可少的，它不仅方便编程人员调试时排错，也增强了程序的可读性。

(二) 伪指令 ORG、END

本例程中用到了伪指令 ORG、END。在用汇编程序对汇编语言编写的源程序进行汇编时，有一些控制汇编用的特殊指令，这些指令不属于指令系统，不产生机器代码，因此称为伪指令。利用伪指令可告诉汇编程序如何进行汇编，同时伪指令也为人们编程提供了方便。

1. 汇编起始指令 ORG (Origin)

它的格式如下：

ORG 表达式（exp）
这是一条程序汇编起始地址定位伪指令，用来规定汇编语言程序汇编时，目的程序在程序存储器中存放的起始地址。

exp必须是16位的地址值。如LED.ASM中的ORG 0000H表示这段程序从0000H开始。在一个程序中，可多次使用ORG指令，以规定不同程序段的起始位置，地址应从小到大顺序排列，不允许重叠。

2. 汇编结束指令END

这条伪指令用在程序的末尾，表示程序到此结束。汇编程序对END以后的指令不再汇编。

（三）寻址方式：立即寻址

例程中的各条指令在操作前，必须先找到该指令中的操作数，之后才能将操作数作相应的操作处理。寻找操作数的方式即寻址方式。51系列单片机系统有7种寻址方式，例程LED. ASM中用到了立即寻址方式。

```
MOV P1，#00H
```

该方式下，指令中给出的操作数是可以直接参与操作的常数，所以称为立即数，用“#”号表示。立即数就是存放在程序存储器中的常数。如本指令中的#00H，表示常数0。

（四）汇编指令LJMP、AJMP、SJMP、MOV

1. 无条件转移指令LJMP、AJMP、SJMP

本例程中开头和结尾处都用到了跳转指令，以改变程序顺序执行的流向，使程序不能顺序逐条执行指令。

```
LJMP   addr16
AJMP   addr11
SJMP   rel
```

计算机在运行过程中，有时因为任务要求，需要改变程序运行方向。

（1）LJMP称长转移指令。因指令包含16位地址（addr16表示16位目的地址），所以转移的目标地址范围是程序存储器的0000H～FFFFH，共64KB跳转空间。

该指令执行后目的地址值按此公式计算为

目的地址值＝本指令地址值＋3＋rel

指令中的addr16可以是16位数据，也可以是某指令的标号。如LJMP、MAIN。

（2）AJMP称短转移指令。因指令包含11位地址（addr11表示11位目的地址），本指令地址值高5位保持不变，与11位地址合成16位目的地址，变化的只有低11位值，所以转移的目标地址范围是程序存储器的×××××000 00000000B～×××××111 11111111B，共2KB跳转空间。程序较短时与LJMP功能相同。

该指令执行后目的地址值按此公式计算为

目的地址值 ＝（本指令地址值＋2）高5位（addr11）低11位

(3) SJMP 为无条件相对转移指令。该指令是双字节，rel 是一个带符号的偏移字节数（补码形式），其范围是−128～+127。负数表示向后转移，正数表示向前转移，该指令执行后目的地址值按此公式计算为

目的地址值=本指令地址值+2+rel

2. 内部 RAM 数据传送指令 MOV

```
MOV direct,#data
```

这条指令的功能是把立即数 data 送入由 direct 所指出的片内存储单元中。直接地址单元 direct 包括 RAM、SFR、I/O。例程中 MOV P1，#00H 的 P1 寄存器。

（五）C51 单片机的输入/输出接口

本任务中要控制 LED 的亮、灭，就要求单片机的某些引脚能输出高、低电平。51 单片机有 4 个 8 位的并行输入/输出端口：P0、P1、P2、P3。这 4 个端口在结构和特性上是大同小异的，它们都是 8 位双向口。在无片外扩展存储器的系统中，这 4 个端口既可以作为输入，也可以作为输出，也可以每一位独立按位方式使用。本任务中用到了 P1 口的 P1.0 脚。

1. P0 口

P0 口的某位由一个输出锁存器、两个三态输入缓冲器和输出驱动电路及控制电路组成，见图 2-2。

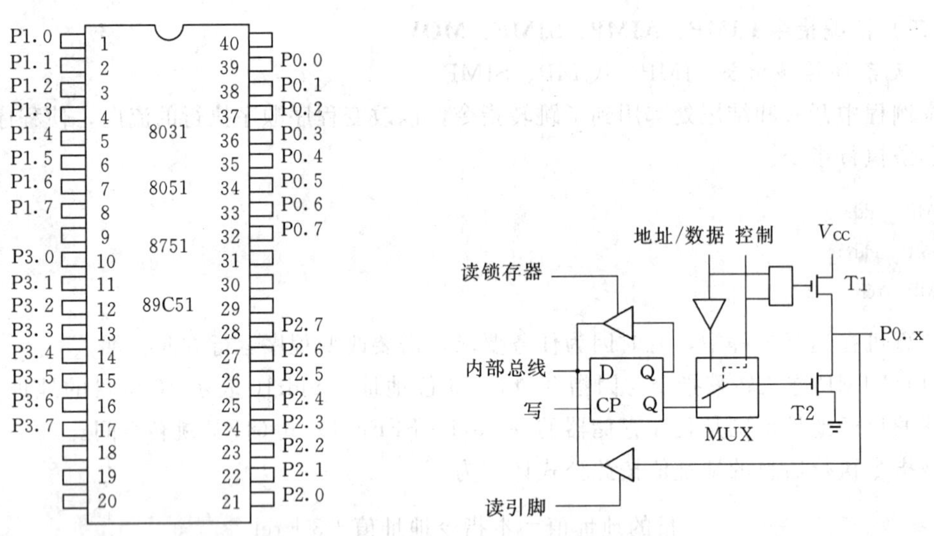

图 2-2　P0 口某位结构

由于 P0 口既可以作为通用 I/O 口使用，也可以作为地址/数据数使用，所以在 P0 口的电路有一个多路转换开关 MUX。在内部控制信号的作用下，多路开关 MUX 可分别接通锁存器输出和地址/数据线。

当 P0 作 I/O 口使用时，CPU 内部发控制电平“0”封锁与门，将输出上拉场效应管 FET（T1）截止，同时使多路开关 MUX 把锁存器与 T2 接通。

当 P0 作输出口时，显然内部总线与 P0 端口同相位，写脉冲加在 D 触发器 CP 上，内

部总线就会向端口引脚输出数据。

当 P0 作输入口时，具有读引脚和读端口两种情况，因而端口中设有两个三态输入缓冲器用于读操作。下面一个缓冲器用于直接读端口引脚处数据，执行一条由端口输入的指令时，读脉冲把该三态缓冲器打开，这样端口引脚处的数据经过缓冲器读入到内部总线。这类操作由直接传送指令实现。在端口由输出口转为输入口时，必须先向对应的锁存器写“1”，使工作 FET 截止。P1～P3 口在进行读操作时也需要先向对应的锁存器写“1”。

读端口是指通过上面的缓冲器读锁存 Q 端的状态。其他三个端口也有类似的设计电路。

若要求 P0 端口输出，P0.1 与 P0.6 为高电平，其余为低电平，需要给 P0 口发送一个立即数。为此，可先按要求作出表 2-1。

表 2-1　引脚状态

引脚	P0.7	P0.6	P0.5	P0.4	P0.3	P0.2	P0.1	P0.0
状态	0	1	0	0	0	0	1	0

对应的二进制码为 01000010B，换算成十六进制则为 42H，则发送给 P0 的立即数为 42H，用传送指令可用实现，如：

```
MOV P0,#42H
```

2. P1 口

P1 口作通用 I/O 口使用，电路结构见图 2-3。其输出驱动部分与 P0 口不同，内部有上拉负载电阻与电源相连。

当 P1 口输出高电平时，能向外提供拉电流负载，所以不必再外接上拉电阻。作为输入时，也需要向对应的锁存器写“1”，使 FET 截止。由于片内负载电阻较大，约为 20～40kΩ，所以不会对输入的数据产生影响。

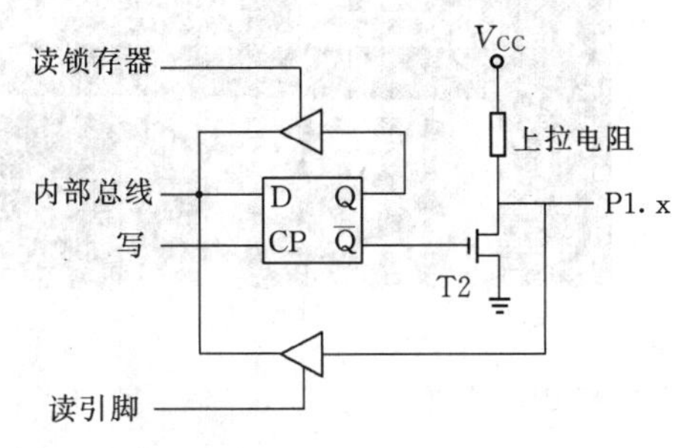

图 2-3　P1 口某位结构

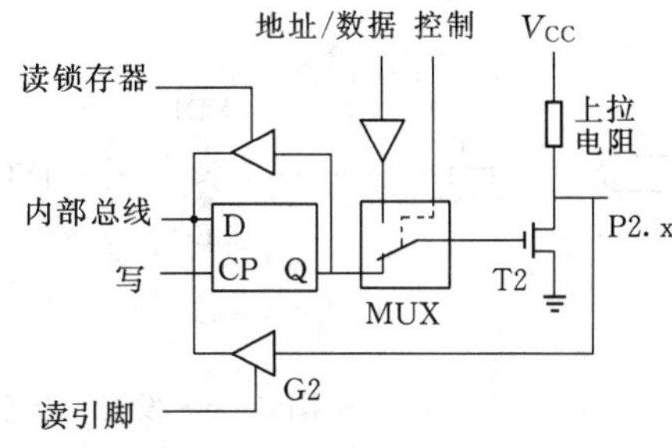

图 2-4　P2 口某位结构

3. P2 口

从图 2-4 中可看出，P2 口的位结构比 P1 口多了一个转换控制部分。当 P2 作通用 I/O口时，多路开关 MUX 倒向锁存器输出 Q 端，构成输出驱动电路。

在系统扩展片外程序存储器时，由 P2 口输出高 8 位地址（低 8 位地址由 P0 口输出）。此时，MUX在CPU的控制下转向内部地址线的一端。因为访问片外程序存储器的操作往往接连不断，P2口要不断送出高8位地址，所以这时P2口无法再作通用I/O口。

4. P3口

如图2-5所示，P3口也是多功能端口。与P1口结构相比多了一个与非门和缓冲器。与非门的作用相当于一个开关。若第二功能端保持“1”电平，打开与非门锁存器输出可通过与非门送至FET输出到引脚端，这是作通用I/O口输出使用情况。输入时也需要向对应锁存器写“1”，当CPU发读命令时，使左边缓冲器上的“读引脚”有效，右边的缓冲器是长开的，于是引脚信号读入CPU。

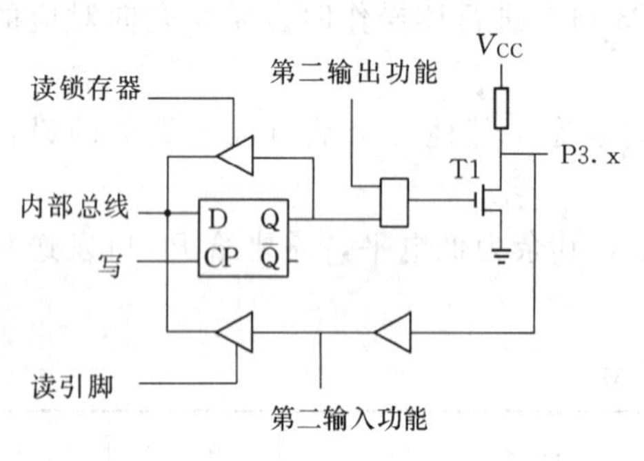

图2-5　P3口某位结构

当锁存器输出Q为1时，打开与非门，端口用于第二功能情况下输出，通过内部与非门和FET送至端口引脚；输入时，端口引脚的第二功能信号通过右边的缓冲器送到第二输入功能端。本任务中未用到第二功能，故放到以后再讲。

三、任务操作

步骤1　LED电路搭建

按照图2-6（a）所示电路，在智能机器人教学板的面包板上搭建起实际电路。实际搭建好的电路参考图2-6（b）。实际搭建电路时注意：

（1）确认发光二极管的短针脚（阴极）插入通过电阻与P1.0相连。

（2）确认发光二极管的长针脚（阳极）插入“VCC”插口。

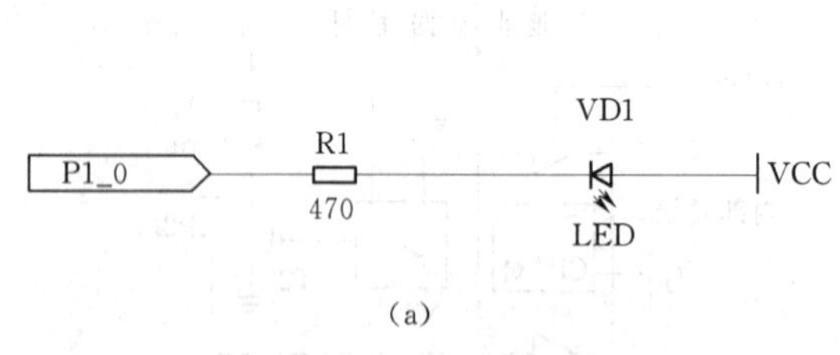

（a）

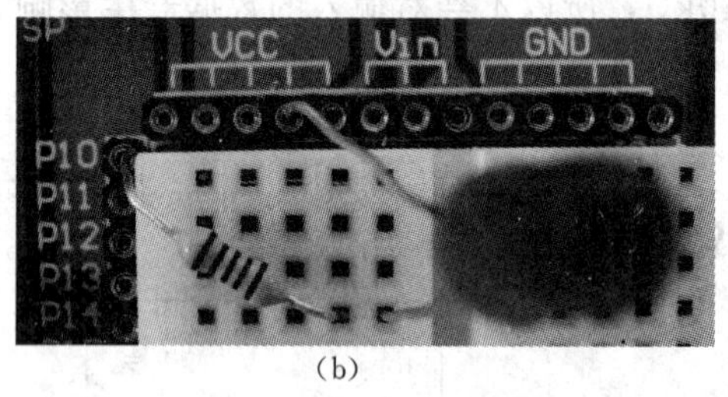

（b）

图2-6　发光二极管与I/O脚P1.0的连接

步骤2　例程下载、运行

例程：HighLowLed. asm

（1）接通板上的电源。

（2）输入、保存、下载并运行程序HighLowLed. asm（整个过程请参考项目1）。

（3）观察与P1.0连接的LED是否亮。

```
        ORG  0000H          ;其后面的指令从程序存储器 0000H 单元开始连续存放
        LJMP MAIN           ;无条件地跳转到标号为 MAIN 的指令处执行程序
        ORG  0030H          ;其后面的指令从程序存储器 0030H 单元开始连续存放
MAIN:   MOV  P1,   ＃00H    ;将立即数 00H 发送给端口寄存器 P0
        SJMP $              ;原地等待
        END                 ;程序到此结束
```

例程 HighLowLed.asm 解读如下。

ORG 0000H

在它后面的指令从程序存储器 0000H 单元开始连续存放，这条程序是所有程序中都必须写的套路格式。

LJMP MAIN

无条件跳转指令：无条件地跳转到标号为 MAIN 的指令处执行程序，跳转范围很大，达到 64KB，故称为长跳转。

MAIN：MOV P0，＃00H

将立即数 00H 发送给端口寄存器 P0，使得 P0 的 8 个端口引脚均输出为 0。

SJMP $

表示在此处循环等待。C51 系列单片机没有专门的等待指令，通常利用此指令表示等待或者程序结束。

END 表示程序到此结束。

程序最终的运行结果就是将 P0 各端口置低电平，结合所搭建的电路，P0.1 所接的 LED 灯会一直点亮，若按下复位键，则先灭后亮（注：复位时，P0～P3 端口均为高电平）。

四、拓展训练

1. 机器人指示灯灭控制

（1）在任务 1 的例程基础上，实现 LED 灯灭控制。操作步骤基本不变，只需将例程中的 MAIN：MOV P1，＃00H 改为 MAIN：MOV P1，＃0FFH，让 P1 口各引脚输出高电平，LED 灭。

（2）改变 LED 的电路连接，采用供阴极接法，控制 LED 灯亮。

2. 机器人指示灯亮控制

分别用 P0、P2、P3 口的第 1 个引脚控制 LED 灯亮。

P0、P2、P3 口的第一引脚分别记为 P0.0、P2.0、P3.0，第一次用 P0.0 来控制 LED，电路只作稍微改变。程序也只需将例程中的 MAIN：MOV P1，＃00H 改为 MAIN：MOV P0，＃00H，让 P0 口各引脚输出低电平，LED 亮。

更换电路，设计完整程序，验证实验结果。

第二次、第三次，用 P2.0、P3.0 来控制 LED 亮，与上述方法类似。

任务2　机器人指示灯闪烁控制

一、任务描述

（1）本任务利用P1端口第1脚（记为P1.0）控制一个LED发光二极管闪烁。

（2）本任务用到的元器件：红色发光二极管1个，470Ω电阻1个。

二、知识点归纳与讲解

在任务1的例程中，给P1端口发送的是00H，即让P1端口的每一位均为低电平，接上电路，LED灯一直为亮。但如何才能让LED闪烁呢？显然，为了达到这个目的，要使用循环控制。

（一）循环程序设计

循环结构的程序一般包括以下几部分：

（1）循环初态（或称初始条件）。循环初态是设置循环过程中工作单元的初始值，例如设置循环次数计数器、初值等。

（2）循环体。重复执行的程序段部分。完成主要的计算或操作任务，同时也包括对地址的修改。

（3）循环控制部分。用于控制循环的执行和结束。在循环初态中已经给出了循环结束条件，即循环次数初值。循环程序每执行一次，都检查结束条件，当条件不满足时，则修改地址和控制变量；当条件满足时，则停止循环。

若循环程序的循环体中不包含循环程序，即为单重循环程序。如果在循环体中，还包含有循环程序，则称为循环嵌套，这样的程序就称为二重循环程序或三重循环程序以至多重循环程序。

在多重循环程序中，只允许外重循环嵌套内重循环程序，而不允许循环体互相交叉。另外也不允许从循环程序的外部跳入循环程序的内部。

（二）程序计数器PC

程序计数器PC是16位专用寄存器，用于存放和指示下一条要执行指令的地址。它有自动加1功能，当一条指令按照PC所指的地址从存储器中取出来之后，PC就会自动加1。由于在单片机中取指令操作是以字节为单位，因而PC在自动加至该指令字节个数后，才指向下一条将要执行的指令地址。所以PC是维持单片机有秩序地执行程序的关键性寄存器。

计算机执行程序是顺序地把存在存储器内的指令依次取到CPU里进行识别，然后去执行规定的操作，要取的指令地址码就是由PC提供的。但如果要求不按顺序执行指令，若想要跳过一段程序，再执行程序，这时可通过执行一条跳转指令，将要执行的指令地址送入PC，取代已加1的原有指令地址，这样才可实现程序的跳转。

（三）寄存器寻址

寄存器寻址是对选中的工作寄存器R0～R7中的数进行操作（当然，还有其他的寄存

器，这里只用到了工作寄存器）。以寄存器 Rn 为目的操作数的 MOV 指令格式为

MOV　Rn，#data

这条指令是把立即数 data 送到当前工作寄存器组的寄存器 Rn 中。

注意，没有“MOV Rn ，Rn”指令。

(四) CPU 时序及有关概念

本例程采用软件延时，所以要计算指令执行时间，下面的一些知识点就应该掌握。计算机工作时，是在统一的时钟脉冲控制下一拍一拍地进行的，这个脉冲是由单片机控制器中的时序电路发出的。单片机的时序就是 CPU 在执行指令时所需控制信号的时间顺序。为了保证各部件间的同步工作，单片机内部电路应在唯一的时钟信号控制下严格地按时序进行工作。

为了便于对 CPU 时序进行分析，按指令的执行过程规定了几种周期，即时钟周期、机器周期和指令周期，也称为时序定位单位。

1. 时钟周期

时钟周期也称为振荡周期，定义为时钟脉冲频率 f_{osc} 的倒数，它是计算机中最基本的、最小的时间单位。

$$T_{时钟}=1/f_{osc}$$

若单片机采用 1MHz 的时钟频率，则时钟周期为 1μs；若采用 4MHz 的时钟频率，则时钟周期为 250ns。

在 51 系列单片机中，把一个时钟周期定义为一个节拍（用 P 表示），两个节拍定义为一个状态周期（用 S 表示）。

2. 机器周期

机器周期表示单片机完成一个最基本的动作所需要的时间。51 系列单片机的一个机器周期由 6 个 S 周期，即 12 个时钟周期组成。

3. 指令周期

指令周期是执行一条指令所需要的时间，一般由若干个机器周期组成。指令不同，所需要的机器周期数也不同。

指令按执行时间分为单周期指令、双周期指令、四机器周期指令。

若用 12MHz 晶振，则执行一条单周期、双周期和四周期指令的时间（指令周期）分别为 1μs、2μs 和 4μs。

(五) 汇编指令 DJNZ、NOP

1. 条件转移指令 DJNZ

与 LJMP 和 SJMP 一样，DJNZ 也属于控制转移类指令，不同的是，DJNZ 需要条件满足才能转移，它的指令格式如下

DJNZ　Rn，rel

DJNZ 执行时，Rn 先进行减 1 操作，即 Rn=Rn−1；若 Rn 不等于 0（满足条件），则程序跳转到 rel 处执行；若 Rn 等于 0（不满足条件），则程序往下继续执行。

2. 空操作指令 NOP

这是一条单字节指令，它控制 CPU 不进行任何操作（即空操作）而转到下一条指令。这条指令常用于产生一个机器周期的延迟。如果反复执行这条指令，则机器处于踏步等待状态。

我们所使用的教学板采用的是 11.0592MHz 的晶振，时钟周期为

$$\frac{1}{11.0592 \times 10^6}\text{s} = 0.09\mu\text{s}$$

一个机器周期由 12 个时钟周期组成，即为 $1.08\mu\text{s} \approx 1\mu\text{s}$。

表 2-2 列举了目前所用指令占用的周期数。

表 2-2　　部分指令周期数

助 记 符	功　　能	字 节 数	周 期 数
MOV R*n*，＃data	＃data→R*n*	2	1
MOV direct，＃data	＃data→（direct）	3	2
LJMP addr16	addr16→PC	2	2
SJMP rel	PC＋2＋rel→PC	2	2
DJNZ R*n*，rel	R*n*－1＝R*n*，若 R*n*＝0，则 PC＋2→PC 若 R*n*≠0，则 PC＋2＋rel→PC	2	2
NOP	空操作	1	1

注　（X）：在直接寻址方式中，表示直接地址 X 中的内容。→：表示数据传送方向。

空操作指令 NOP 占用一个机器周期，延时为 $1\mu\text{s}$；条件转移指令 DJNZ 为双字节指令，占用两个机器周期，延时为 $2\mu\text{s}$。

现在讨论例程 LEDcontinuously.ASM 中 LED 灯亮（或灭）的保持时间（见图 2-7）。

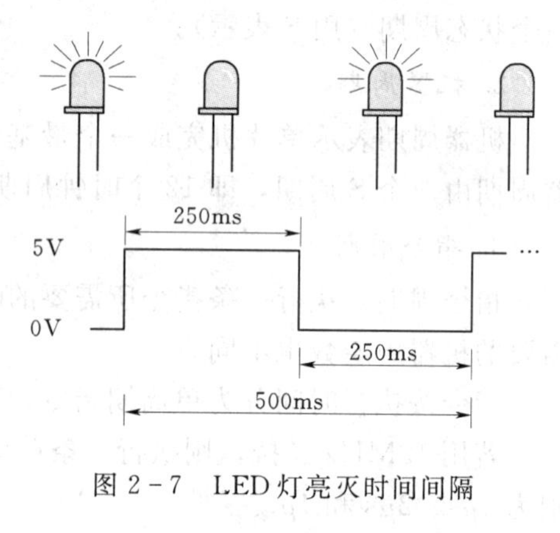

图 2-7　LED 灯亮灭时间间隔

```
;*******软件延时 250ms 程序**********
       MOV   R0，#0FAH
LOW2： MOV   R1，#0C8H
LOW1： NOP                  ;1μs
       NOP                  ;1μs
       NOP                  ;1μs
       DJNZ  R1，LOW1       ;2μs
       DJNZ  R0，LOW2
```

注：在项目 1 讲解数据存储器时说到，CPU 复位后，默认选中第 0 组工作寄存器组，例程中使用了该寄存器组中的 R0 和 R1 两个寄存器存储循环值。

先看 LOW1 小段程序执行一次的延时时间：$(1+1+1+2)\ \mu\text{s}=5\mu\text{s}$，执行的次数为 R1 次，即为 200（0C8H），所以这小段时间总共执行时间为 $200\times5\mu\text{s}=1000\mu\text{s}=1\text{ms}$。

当这段程序执行完之后，紧接着会执行下面一条指令：

```
DJNZ  R0，LOW2
```

它会判断（R0－1）是否为 0，若不为 0，则跳到 LOW2 处继续执行：

```
MOV  R1，#0C8H
```

给 R1 重新赋值，继续执行 LOW1 小段程序，HIG1 段程序执行的次数为 R0 次，即 250 次，所以 LED 保持亮时间为 250×1ms＝250ms。

同理，LED 保持灭的时间也为 250ms。

若需要不同时间的延时，可修改循环次数，方法与例程类似。

若需要延时更长时间，可采用更多重的循环，方法与例程类似。

三、任务操作

步骤 1 指示灯闪烁控制电路

保持任务 1 中电路不变，如图 2－6（a）所示。

步骤 2 例程下载、运行

例程：LEDcontinuously. ASM

（1）接通板上的电源。

（2）输入、保存、下载并运行程序 LEDcontinuously. ASM（整个过程请参考项目 1）。

（3）观察与 P1.0 连接的 LED 是否闪烁。

```
        ORG     0000H
        AJMP    MAIN                    ;无条件跳转至 MAIN

MAIN：  MOV     P1,#00H                 ;P1.0 置低,LED 灯亮
;*******软件延时 250ms 程序*********
        MOV     R0,#0FAH                ;给 R0 寄存器传送数据 FAH
LOW2：  MOV     R1,#0C8H                ;给 R1 寄存器传送数据 FAH
LOW1：  NOP                             ;空操作
        NOP
        NOP
        DJNZ    R1, LOW1                ;(R1)－1 结果送 R1,若(R1)≠0,跳转到 LOW1,否则顺序执行
        DJNZ    R0, LOW2                ;(R1)－1 结果送 R1,若(R1)≠0,跳转到 LOW2,否则顺序执行

        MOV     P1,#01H                 ;P1.0 置高,LED 灯灭
;*******软件延时 250ms 程序*********
        MOV     R0,#0FAH
HIG2：  MOV     R1,#0C8H
HIG1：  NOP
        NOP
        NOP
        DJNZ    R1,HIG1
        DJNZ    R0,HIG2
```

```
    AJMP    MAIN                        ;无条件绝对跳转至 MAIN 指令
    SJMP    $                           ;无限等待
    END
```

例程 LEDcontinuously. ASM 解读如下。

```
MAIN:   MOV  P1, #00H
```

将 P1 口传送数据 00H，使得 P1 口 8 个引脚均输出为低电平 0，LED 灯亮。

接着采用软件延时 250ms：

```
        MOV     R0,#0FAH                ;给 R0 寄存器传送数据 FAH
LOW2:   MOV     R1,#0C8H                ;给 R1 寄存器传送数据 FAH
LOW1:   NOP                             ;空操作
        NOP
        NOP
        DJNZ    R1, LOW1                ;(R1)-1 结果送 R1,若(R1)≠0,跳转到 LOW1,否则顺序执行
        DJNZ    R0, LOW2                ;(R1)-1 结果送 R1,若(R1)≠0,跳转到 LOW2,否则顺序执行
```

延时时间到，接着执行：

```
MOV  P1, #01H
```

将 P1 口传送数据 01H，使得 P1 口的 P1.0 输出为 1，其余没接 LED 的引脚仍为 0，LED 灯亮。

与上面相同采用 250ms 延时。时间到，则执行以下指令：

```
AJMP   MAIN
```

小灯要连续不断地闪烁，实质上是重复一亮一灭的过程；该指令无条件绝对跳转至开头 MAIN，实现了重复从 MAIN 执行的无限循环。

四、拓展训练

LED 灯闪烁快慢的控制：根据以上知识，我们可以随意改变参数来改变延时子程序的延长时间，那么想要改变小灯的闪烁速度就很容易了。若是要加快小灯闪烁速度，只需要在端口高低电平间切换时延时短一点。如将延时子程序改为 100ms 延时。

```
;*******软件延时 100ms 程序*********
        MOV     R0,  #100
LOW2:   MOV     R1,  #200
LOW1:   NOP
        NOP
        NOP
        DJNZ    R1,  LOW1
        DJNZ    R0,  LOW2
```

更改电路，采用 P3.2 端口来控制 LED，编写完整程序，验证结果。

注意：若逐渐减小延时子程序的延长时间，会发现什么问题呢？当减小到一定程度，

还能看到 LED 闪烁吗？回答是：不能。为什么？

任务 3　机器人伺服电机控制

一、任务描述

（1）本任务利用 P1.0、P1.1 分别控制机器人右、左边两个电机顺时针、逆时针旋转或停止。

（2）本任务用到的元器件：机器人左、右轮电机。

二、知识点归纳与讲解

（一）汇编指令 JBC、SETB、CLR

1. 位地址

51 单片机的特色之一就是具有丰富的位处理功能。在 51 单片机的内部数据存储器中，20H～2FH 为位操作区域，每一位都具有自己的位地址，可以对其每一位进行操作。位地址空间为 00H～7FH，共 128 位。

在汇编语言中位地址的表达方式有如下几种：

（1）直接（位）地址方式，如 8CH。

（2）点操作方式，如 TCON.4。

（3）位名称方式，如 TR0。

（4）用户定义名方式，如用伪指令 bit 定义为

```
DE.P  bit  TR0
```

经定义后，允许指令中用 DE.P 代替 TR0。

位操作指令共有 17 条，这里只用到了三条。

2. 判位转移清零指令 JBC

JBC 指令格式如下：

```
JBC  bit, rel
```

这条指令的功能是，当 bit 为“1”时，程序跳转到 rel 处继续执行，同时清除该位；当 bit 为“0”时，则往下继续执行。例如：

```
LOW2:  JBC    TF0, MAIN
       SJMP   LOW2
```

当 TF0=1 时，计数器溢出，跳回 MAIN 处重新运行程序；当 TF0=0 时，则跳回 LOW2 继续等待。相当于不停地查询 TF0 的值，直至定时时间到。

3. 位修正指令 SETB、CLR

指令格式如下：

```
SETB  bit
CLR  bit
```

指令 SETB 的功能是对位 bit 置高，而 CLR 则是对位 bit 清零。如 SETB TR0，表示将 TR0 位置 1，CLR TR0 表示将 TR0 清零。

（二）分支程序设计

分支结构程序的特点是程序中含有转移指令，分支结构程序可以根据程序要求无条件或有条件地改变程序执行顺序，选择程序流向。

编写分支结构程序重点在于正确使用转移指令。转移指令有 3 种：无条件转移、条件转移和散转。由这 3 类指令形成的分支程序有如下特点。

1. 无条件转移

无条件转移的程序转移方向是设计者事先安排的，与已执行程序的结果无关，使用时只需给出正确的转移目标地址或者偏移量即可。

2. 条件转移（本例程中采用）

条件转移是根据已执行程序对标志位或对累加器或对内部 RAM 某位的影响结果，决定程序的走向，形成各种分支。在编写有条件转移语句时要特别注意以下两点。

（1）在使用条件转移指令形成分支前，一定要安排可供条件转移指令判别的条件。例如，采用“JBC TF0，MAIN”指令，若 TF0＝1 时，先给 TF0 清零，再跳转到 MAIN 处运行程序；当 TF0＝0 时，则向下顺序执行。在此处流程就出现了分支。

（2）要正确选定所用的转移条件和转移目标地址。

3. 散转

散转是根据某种已输入的或运算的结果，使程序转向各个处理程序中去，一般单片机实现散转程序常用逐次比较和算法处理的方法。这些方法一般都比较麻烦，51 单片机具有一条专门的散转指令，可以使它较方便地实现散转功能。

（三）定时/计数器

在单片机应用系统中，常需要用到实时时钟和计数器，以实现定时（或延时）控制以及对外界事件进行计数。51 系列单片机内部的定时/计数具有这两种功能。

1. 定时/计数器概述

51 系列单片机内部设有两个 16 位的可编程定时/计数器，简称为定时器 0（T0）和定时器 1（T1）。不论哪一种型号，T0、T1 的结构、原理和工作方式都是相同的。可编程是指其功能如工作方式、定时时间、量程、启动方式等均可由指令来确定和改变。在定时/计数器中，除了两个 16 位计数器之外，还有两个特殊功能寄存器（控制寄存器和方式寄存器）。

其原理结构框图如图 2-8 所示。

16 位的定时/计数器分别由两个 8 位专用寄存器组成，即 T0 由 TH0 和 TL0 构成，T1 由 TH1 和 TL1 构成。这些寄存器是用于存放定时或计数初值的。此外，其内部还有一个 8 位的定时器方式寄存器 TMOD 和一个 8 位的定时器控制寄存器 TCON。这些寄存器是通过内部总路线和控制逻辑电路连接起来的。

TMOD 主要用于选定时器的工作方式，TCON 主要是用于控制定时器的启动与停止。此外，TCON 还可保存 T0、T1 的溢出和中断标志。当定时器工作在计数方式时，外部事件通过引脚 P3.4（T0）和 P3.5（T1）输入。

16 位定时/计数器实质上是一个加 1 计数器，其控制电路受软件控制、切换。

当选择定时/计数器为定时工作方式时，每过一个机器周期，计数器加 1，直到计满溢出为止。显然，定时器的定时时间与系统的振荡频率有关。因一个机器周期等于 12 个振荡周期（时钟周期），如果晶振为 12MHz，则计数周期为

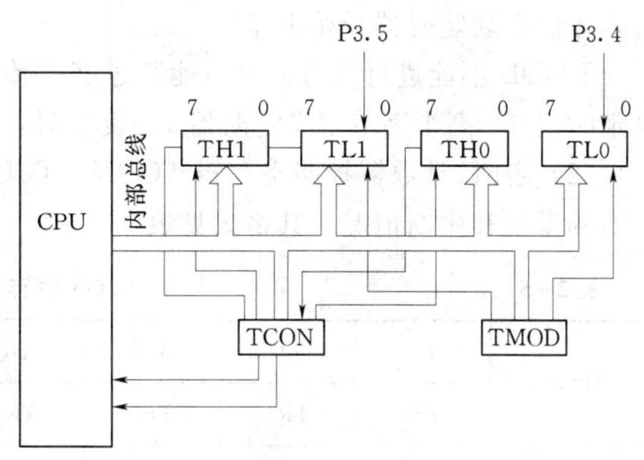

图 2-8　51 单片机定时器原理结构框图

$$T=\frac{12}{12\times10^6\,\mathrm{Hz}}=1\mu\mathrm{s}$$

2. *定时/计数器的控制方法*

定时/计数器不会自动工作，必须通过软件确定它的工作方式，并启动它开始工作。所以在定时/计数器开始工作之前，CPU 必须将一些命令（称为控制字）写入定时/计数器。将控制字写入定时/计数器的过程叫定时/计数器的初始化。在初始化的过程中，要将工作方式控制字写入方式寄存器，工作状态控制字（或相关位）写入控制寄存器，赋定时/计数初值。

（1）定时/计数器方式寄存器 TMOD。TMOD 为 T0、T1 的工作方式寄存器，其格式见表 2-3。

表 2-3　　TMOD 寄存器结构

定　时　器　1				定　时　器　0			
D7	D6	D5	D4	D3	D2	D1	D0
GATE	$C/\overline{T}$	M1	M0	GATE	$C/\overline{T}$	M1	M0

1）方式选择位 M1 和 M0。定义见表 2-4。

表 2-4　　定时器工作方式选择表

M1	M0	工作方式	功能描述
0	0	方式 0	13 位计数器
0	1	方式 1	16 位计数器
1	0	方式 2	自动再装入 8 位计数器
1	1	方式 3	定时器 0：分成两个 8 位计数器；定时器 1：停止计数

2）功能选择位 $C/\overline{T}$。当 $C/\overline{T}=0$ 时，为定时器方式；当 $C/\overline{T}=1$ 时，为计数器方式。

3）门控位 GATE。当 GATE=0 时，只要软件控制位 TR0 或 TR1 置 1 即可启动定时器开始工作；当 GATE=1 时，只有 $\overline{\mathrm{INT0}}$ 或 $\overline{\mathrm{INT1}}$ 引脚为高电平，且 TR0 或 TR1 置 1

时，才能启动定时器开始工作。

TMOD不能进行位寻址，只能通过字节传送指令设置定时器工作方式，低半字节定义定时器0，高半字节定义定时器1。复位时，TMOD所有位均为0。

（2）定时/计数器控制寄存器TCON。TCON的作用是控制定时器的启、停，标志定时器的溢出和中断情况。其格式见表2-5。

表2-5　　　　TCON寄存器结构

TCON	D7	D6	D5	D4	D3	D2	D1	D0
	TF1	TR1	TF0	TR0	IE1	IT1	IE0	IT0
位地址	8FH	8EH	8DH	8CH	8BH	8AH	89H	88H

各位定义如下：

1）TCON.7 TF1：定时器1溢出标志。当定时器1计满溢出时，由硬件使TF1置1，并且申请中断。进入中断服务程序后，由硬件自动清0；在查询方式下用软件清0。

2）TCON.6 TR1：定时器1运行控制位。由软件清0关闭定时器1。当TR1=1时，启动定时器；当TR1=0时，关闭定时器1。

3）TCON.5 TF0：定时器0溢出标志。功能同TF1。

4）TCON.4 TR0：定时器1运行控制位。功能同TR1。

5）TCON.3 IE1：外部中断1请求标志。

6）TCON.2 IT1：外部中断1触发方式选择位。

7）TCON.1 IE0：外部中断0请求标志。

8）TCON.0 IT0：外部中断0触发方式选择位。

TCON中的低4位与中断有关，将在以后讲解。复位时，TCON的所有位均清0。

3. 定时/计数器的初始化

由于定时/计数器的功能是由软件编程确定的，所以一般在使用定时/计数器前都要对其进行初始化，使其按设定的功能工作，一般步骤如下。

（1）确定工作方式：对TMOD赋值。

（2）预置定时或计数的初值：可直接赋值写入TH0、TL0或TH1、TL1。

（3）根据需要开放定时/计数器的中断：直接对IE寄存器的定时器中断位赋值。

（4）启动定时/计数器工作：若已规定用软件启动，则可把TR0或TR1置“1”；若已规定由外部中断引脚电平启动，则需要给外部引脚加启动电平。当实现了启动要求之后，定时器即按规定的工作方式和初值开始计算或定时。

不同的工作方式下，计数器位数不同，因而最大计数值也不同。设最大计数值为M，则各方式下M值如下。

方式0：$M=2^{13}=8192$。

方式1：$M=2^{16}=65536$。

方式2：$M=2^{8}=256$。

方式3：定时器0分为两个8位计数器，所以M均为256。

因为定时/计数器是做“加 1”计数，并在计数满溢出时产生中断，因此初值 X 可以这样计算

$$X=M-\text{计数值}$$

例如，51 单片机晶振为 12MHz，若要求产生 1ms 的定时，可如下计算。

在 12MHz 主频下，计数器“加 1”一次所需要的时间为 1μs，产生 1ms 的定时时间，则需“加 1”1000 次，那么 1000 即为计数值。如果要求在方式 1 下工作，则初值 $X=M-$计数值$=65536-1000=64536=$FC18H。

4. 定时/计数器的工作方式

（1）方式 0。工作方式 0 是 13 位计数结构的工作方式，其计数器由 TH 的全部 8 位和 TL 的低 5 位构成，TL 的高 3 位没有使用。图 2-9 是定时器 0 在方式 0 时的逻辑电路结构，定时器 1 的结构和操作与定时器 0 完全相同。

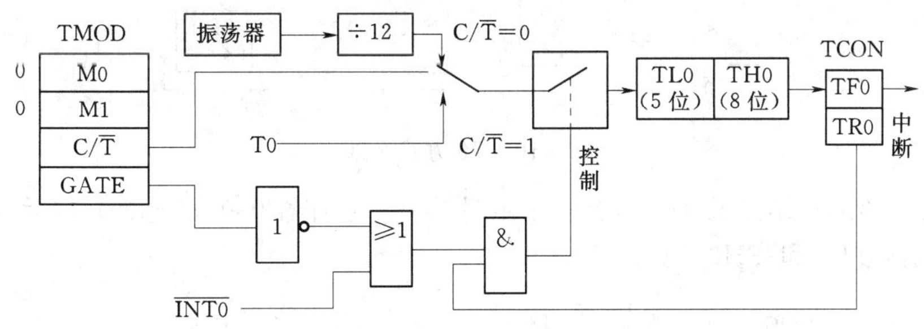

图 2-9　T0 方式 0 结构

当 TL0 的低 5 位溢出时向 TH0 进位，而 TH0 溢出时向中断标志 TF0 进位（称硬件置位 TF0），并申请中断。定时器 0 计数溢出与否可通过查询 TF0 时否置位或是否产生定时器 0 中断。

当 C/T̄=0 时，多路开关接通振荡脉冲的 12 分频输出，T0 对机器周期计数。这就是定时工作方式。其定时时间为

$$t=(2^{13}-\text{T0 初值})\times\text{时钟周期}\times 12$$

当 C/T̄=1 时，多路开关接通计数引脚 T0(P3.4)，外部计数脉冲由引脚 T0 输入。当计数脉冲发生 1 到 0 跳变时，计数器加 1，这就是常用的计数工作方式。

当 GATE=0 时，封锁“或”门，使引脚 $\overline{\text{INT0}}$ 输入信号无效，由 TR0 控制定时器的开启或关闭。若 TR0 置 1，启动定时器，允许 T0 在原计数值上做加法计数，直到溢出。溢出时，计数寄存器值为 0，TF0 置位，并申请中断，T0 从 0 开始计数。因此，若希望计数器按原先计数初值开始计数，在计数器溢出后，应给计数器重新赋初值。

当 GATE=1 且 TR0=1 时，外信号 $\overline{\text{INT0}}$ 引脚直接开启或关闭定时器计数。输入 1 电平时，允许计数，否则停止计数。这种方法常用来测量外信号的脉冲宽度。

（2）方式 1。工作方式 1 设置定时/计数器的长度是 16 位，其结构与操作几乎与方式 0 完全相同，唯一的差别是定时器以全 16 位二进制数参与操作，其定时时间为

$$t=(2^{16}-\text{T0 初值})\times\text{时钟周期}\times 12$$

（3）方式 2。工作方式 2 设置定时器为能重置初值的 8 位定时/计数器。方式 0、方式 1 若用于循环重复定时/计数时，每次计满溢出，寄存器全部为 0，第 2 次计数还得重新装入计数初值。而方式 2 有自动恢复初值功能，其定时时间为

$$t = (2^8 - \text{T0 初值}) \times \text{时钟周期} \times 12$$

在方式 2 中，见图 2-10，16 位的计数器被拆成两个。TL0 用作 8 位计数器，TH0 用以保持初值。在程序初始化时，TL0 和 TH0 由软件赋予相同的初值。一旦 TL0 计数溢出，则置位 TF0，并将 TH0 中的初值再装入 TL0，继续计数，重复循环。

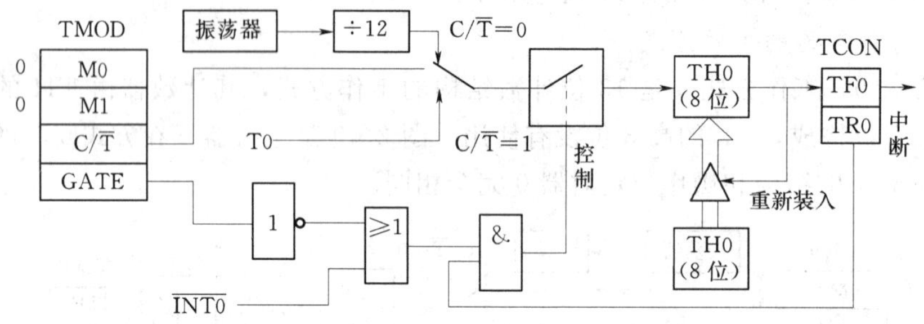

图 2-10　T0 方式 2 结构

（4）方式 3。工作方式 3 只适合用于定时器 0。定时器 0 在方式 3 下被拆成两个独立的 8 位计数器 TL0 和 TH0，见图 2-11。

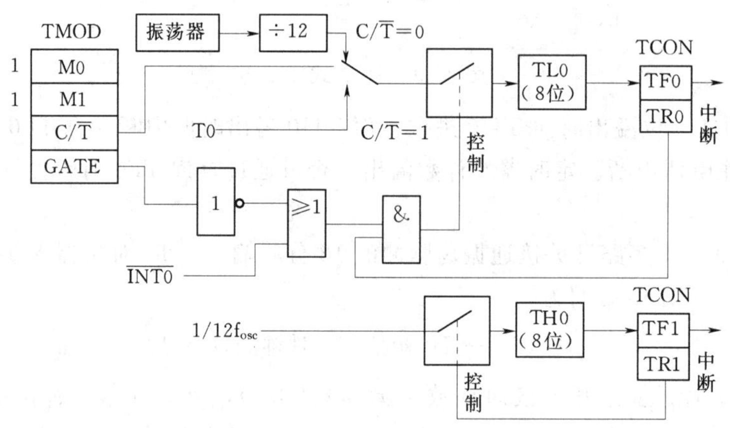

图 2-11　T0 方式 3 结构

其中 TL0 用原 T0 的控制位、引脚和中断源，即 C/$\overline{\text{T}}$、GATE、TR0、TF0 和 T0（P3.4）、$\overline{\text{INT0}}$（P3.2）。除了仅用 8 位寄存器 TL0 外，其功能和操作与方式 0、方式 1 完全相同，可定时亦可计数。

TH0 只可用做简单的内部功能定时功能，它占用原定时器 T1 的控制位 TR1 和 TF1，同时占用 T1 的中断源，其启动和关闭仅受 TR1 置 1 和清 0 控制。方式 3 为定时器 T0 增加了一个 8 位定时器。

现在，回到任务 3 所讲到的电机控制信号，需要产生高电平为 1.5ms，低电平为 20ms 的连续脉冲信号，选择 T0 工作，怎样用 T0 实现呢？

确定 T0 的工作方式：1.5ms 的延时，方式 0 和方式 1 均满足要求；而 20ms 的延时则只能选择方式 1。

若选方式 0（13 位）产生 1.5ms 的延时，则由下面的关系可计算 T0 初值（教学板实际所用晶振为 11.0592MHz）

$$1.5\times10^{-3}=(2^{13}-\text{初值})\times\frac{1}{11.0592\times10^{6}}\times12$$

计算得初值为 6810，即 1101010011010B。

因为在做 13 位计数器时，TL0 的高 3 位未用，应填写 0，TH0 占高 8 位，所以初值实际填写值应为 11010100 00011010，即 TH0＝＃0D4H，TL0＝＃1AH。

若选方式 1（16 位）产生 20ms 的延时，可由下面的关系计算初值

$$20\times10^{-3}=(2^{16}-\text{初值})\times\frac{1}{11.0592\times10^{6}}\times12$$

计算得初值为 47104，即 B800H。TH＝＃0B8H，TL0＝＃00H。

三、任务操作

步骤 1 机器人伺服电机控制电路

在进行下面的操作之前，必须首先确认一下机器人两个伺服电机的控制线是否已经正确地连接到了 C51 单片机教学板的两个专用电机控制接口上，白线接 P1.0 和 P1.1，红线接＋5V 电源，黑线接地。照图 2－12 所示的电机连接原理图和实际接线图进行检查。如果没有正确连接，也请参照图 2－12 重新连接。从图 2－12 可知，P1.0 引脚的控制输出用来控制右的伺服电机，而 P1.1 则用来控制左边的伺服电机。

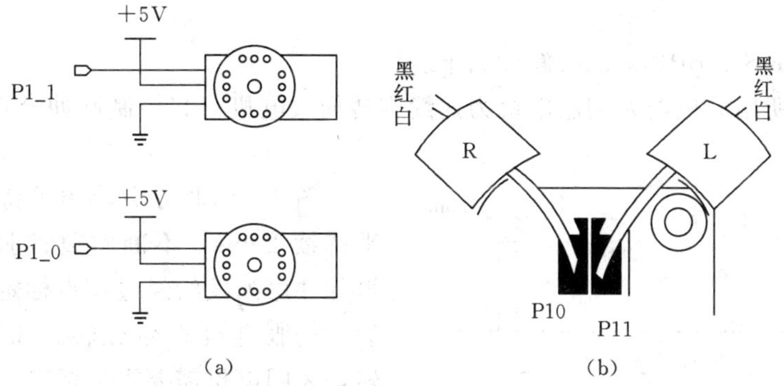

图 2－12 伺服电机与教学底板的连线原理图和实际接线示意图
(a) 原理图；(b) 接线示意图

步骤 2 机器人右轮伺服电机调零程序下载、运行

例程：CenterServoP10. asm

(1) 接通板上的电源。

(2) 输入、保存、下载并运行程序 CenterServoP10. asm。

(3) 观察右轮的伺服电机是否停止不转。

```
        ORG     0000H
        LJMP    MAIN

MAIN:   CLR     TR0             ;关闭 T0
        MOV     TMOD,#00H       ;选择工作方式 0
        MOV     TL0,#04H        ;给 TL0 赋初值,延时 1.5ms
        MOV     TH0,#0D1H       ;给 TH0 赋初值
        MOV     P1,#01H         ;P1.0 置高
        SETB    TR0             ;启动 T0

HI:     JBC     TF0,LOW1        ;查询计数是否溢出,溢出清 TF0,转 LOW1
        SJMP    HI              ;计时时间未到,返回继续等待

LOW1:   CLR     TR0             ;关闭 T0
        MOV     TMOD,#01H       ;选择工作方式 1
        MOV     TL0,#0E0H       ;赋初值,延时 20ms
        MOV     TH0,#0B1H
        MOV     P1,#00H         ;P1.0 置低
        SETB    TR0             ;启动 T0

LOW2:   JBC     TF0,MAIN        ;TF0=1,定时完成,跳到 MAIN
        SJMP    LOW2            ;TF0=0,继续等待

        SJMP    $
        END
```

例程 CenterServoP10. asm 解读如下。

本教学板所用的机器人伺服电机为连续旋转伺服电机，其控制脉冲分别如图 2-15～图 2-16 所示。

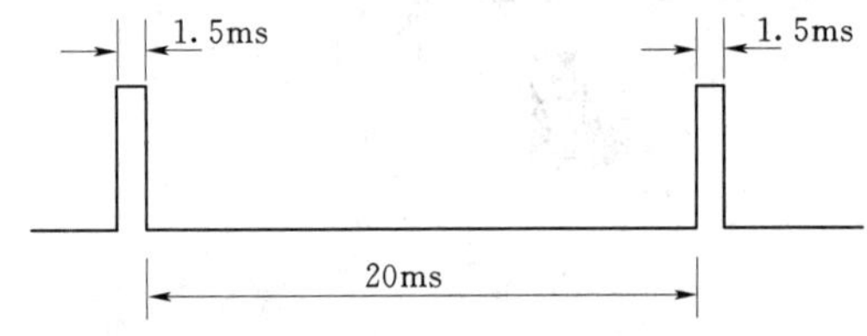

图 2-13 电机转速为零的控制信号时序图

图 2-13 所示是高电平持续 1.5ms 低电平持续 20ms，不断重复的控制脉冲序列。该脉冲序列发给经过零点标定后的伺服电机后，伺服电机不会旋转。如果此时电机旋转，表明电机需要重新标定。

由图 2-14 和图 2-15 可知，控制电机运动转速的是给伺服电机的控制端输入高电平持续的时间。

(1) 当高电平持续时间为 1.3ms 时，电机顺时针全速旋转。

(2) 当高电平持续时间为 1.5ms 时，电机停止不转。

(3) 当高电平持续时间为 1.7ms 时，电机逆时针全速旋转。

(4) 当高电平持续时间介于 1.3～1.5ms 之间时，电机顺时针旋转。

(5) 当高电平持续时间介于 1.5～1.7ms 之间时，电机逆时针旋转。

本例程中用 P1.0 控制右轮电机，并使用定时/计数器 T0 作精确定时。工作流程见图 2-16。

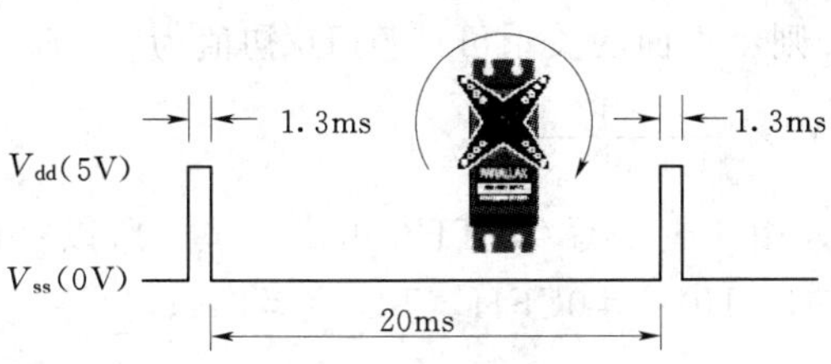

图 2-14 1.3 ms 的控制脉冲序列使电机顺时针全速旋转

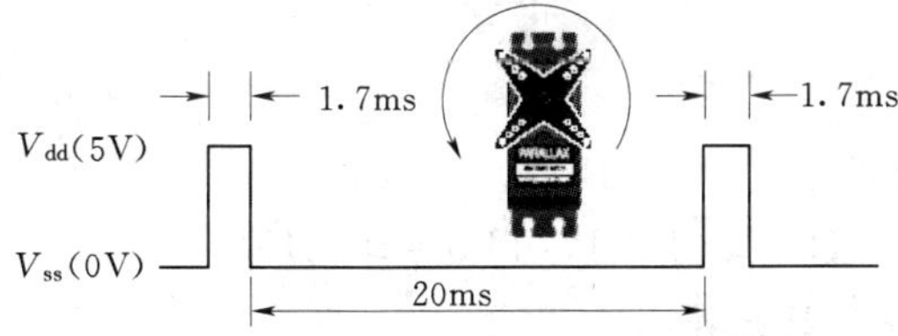

图 2-15 1.7ms 的连续脉冲序列使电机逆时针全速旋转

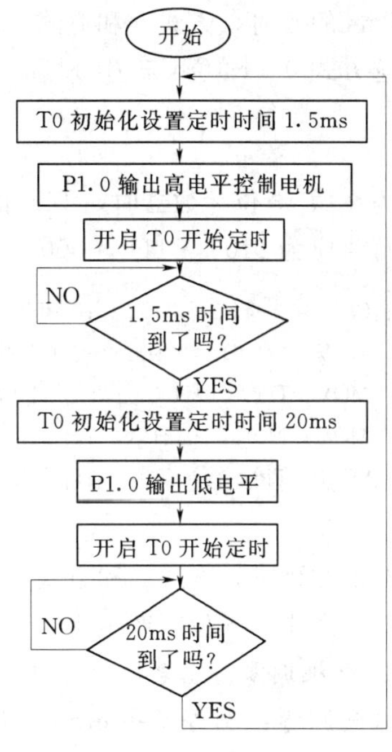

图 2-16 工作流程图

工程规范提示：

在项目设计过程中，软件开发非常具有挑战性，特别是复杂程序的设计，如果没有清晰的设计思路，很难设计出正确、优化的程序。所以在程序设计之前，先画出正确、规范的流程图，是“磨刀不误砍柴功”，达到事半功倍的效果。

四、拓展训练

(一) 拓展训练 1

请用另一种方式给 P1.0 置 1、清零。

本例程中给 P1.0 高电平、低电平，实际上是给 P1 口 8 个引脚都送了值，为了在以后使用中不影响 P1 口其他引脚的值，我们可用采用另外的位处理方式，将本例程中的

```
MOV     P1,#00H          ;P1.0 置低
MOV     P1,#01H          ;P1.0 置高
```

分别改为

```
CLR     P1.0             ;P1.0 置低电平 0
SETB    P1.0             ;P1.0 置高电平 1
```

（二）拓展训练 2

1. 1.7ms、1.3ms 定时/计数器延时的实现

首先，确定 T0 的工作方式。

1.7ms 的延时，方式 0 和方式 1 均满足要求。

若选方式 0（13 位）产生 1.7ms 的延时，则由下面的关系可计算 T0 初值为

$$1.7\times10^{-3}=（2^{13}-初值）\times\frac{1}{11.0592\times10^{6}}\times12$$

因为在做 13 位计数器时，TL0 的高 3 位未用，应填写 0，TH0 占高 8 位，所以初值实际填写值应为 1100　1111　0000　0001　B，即 TH0＝＃0CFH，TL0＝＃01H。

```
DEL1.7ms:CLR     TR0            ;关闭 T0
         MOV   TMOD,#00H        ;选择工作方式 0
         MOV   TL0,#01H         ;给 TL0 赋初值,延时 1.7ms
         MOV   TH0,#0CFH        ;给 TH0 赋初值
         SETB  TR0              ;启动 T0
         ……
```

1.3ms 的延时，方式 0 和方式 1 均满足要求。

若选方式 1（16 位）产生 1.3ms 的延时，TH＝＃0FBH，TL0＝＃52H。

2. 左电机调零、左电机顺时针、左电机逆时针旋转测试

左电机调零：例程 CenterServoP10.ASM 的功能是对引脚 P1.0 相连的电机（右电机）进行调零，而左电机是由 P1.1 控制，所以将“MOV P1，＃01H”改为“MOV P1，＃02H”或是“SETB P1.1”即可。

左电机顺时针旋转：P1.1 控制左电机，将高电平持续时间为 1.3ms 就能使电机全速顺时针旋转。

左电机逆时针旋转：P1.1 控制左电机，将高电平持续时间为 1.7ms 就能使电机全速逆时针旋转。

任务 4　机器人基本巡航动作

一、任务描述

（1）本任务利用 P1.0、P1.1 控制机器人完成前进、后退、左转、右转、停止基本动作。

（2）本任务用到的元器件：机器人左、右轮电机。

二、知识点归纳与讲解

（一）累加器　ACC

这里提到的循环次数 200 除了可以用前面任务中提到的寄存器 Rn 来存储外，还可用在单片机里比较常用的专用寄存器——累加器 ACC。

累加器 ACC 是 8 位寄存器，它是 CPU 中工作最繁忙的寄存器，因为它在进行算术、逻辑类操作时，运算器的一个输入多为 ACC 的输出，而运算器的输出即运算器结果也大多要送到 ACC 中。

在指令系统中累加器的助词符为 A，以下将简称累加器 A。

（二）汇编指令 DEC、JNZ

1. 减 1 指令 DEC

```
DEC   A
```

该条指令的功能为累加器 A 中的内容减 1 后再存入累加器 A 中。它影响程序状态寄存器 PSW 中的奇偶标志位。

2. 条件转移指令 JNZ

```
JNZ   rel
```

当 A≠0 时，程序跳转到 rel 处执行；当 A=0 时，程序往下继续执行。

```
AGAIN:  DEC   A
        JNZ   START
```

先把累加器 A 中的内容减 1 再判断，若不为 0，则跳转到程序开关继续执行，否则程序结束。

（三）程序状态字寄存器 PSW

PSW 为 8 位寄存器，用于作为程序运行状态的标志，其格式见表 2-6。

表 2-6　　PSW 程序状态字

PSW 位地址	D7H	D6H	D5H	D4H	D3H	D2H	D1H	D0H
字节地址 D0H	C	AC	F0	RS1	RS0	OV	F1	P

当 CPU 进行各种逻辑操作或算术运算时，为反映操作或运算结果的状态，把相应的标志位置 1 或清 0。这些标志的状态，可由专门的指令来测试，也可通过指令来读出。它为计算机确定程序的下一步运行方向提供依据。

表 2-6 中的“P”为奇偶标志，该位始终跟踪累加器 A 内容的奇偶性。如果有奇数个“1”，则置 P 为 1，否则置 0。在 51 的指令系统中，凡是改变累加器 A 中内容的指令均影响奇偶标志位 P。

其余的位将在用到时讲解。

三、任务操作

（一）机器人前进控制

步骤 1　机器人伺服电机控制电路

保持任务 3 电路不变。

步骤 2　机器人前进例程下载、运行

例程：RobotForward.asm

（1）确保控制器和伺服电机都已接通电源。

（2）输入、保存、编译、下载并运行程序 RobotForward.asm。

（3）观察机器人是否前进（即左轮逆时针、右轮顺时针旋转）。

```
    ORG     0000H
    LJMP    MAIN
MAIN:  CLR   TR0            ;关闭 T0
       MOV   TMOD,#01H      ;选择工作方式 1
       MOV   TL0,#0ecH      ;赋初值,延时 1.3ms
       MOV   TH0,#0FaH
       SETB  P1.0           ;P1.0(右电机)置高,顺时针旋转
       SETB  TR0            ;启动 T0

RIGHT: JBC   TF0,LEFT       ;查询计数是否溢出,溢出清 TF0,转 LEFT
       SJMP  RIGHT          ;定时时间未到,继续等待

LEFT:  CLR   P1.0           ;P1.0 置低
       CLR   TR0            ;关闭 T0
       MOV   TL0, #5CH      ;赋初值,延时 1.7ms
       MOV   TH0, #0F9H
       SETB  P1.1           ;P1.1(左电机)置高,逆时针旋转
       SETB  TR0            ;启动 T0

LOW1:  JBC   TF0,LAST       ;TF0=1,定时完成,跳到 LAST
       SJMP  LOW1           ;TF0=0,继续等待

LAST:  CLR   P1.1           ;P1.1 置低
       CLR   TR0            ;关闭 T0
       MOV   TL0,#0E0H      ;延时 20ms
       MOV   TH0,#0B1H
       SETB  TR0

LOW2:  JBC   TF0,MAIN
       SJMP  LOW2

       SJMP  $
       END
```

例程 RobotForward.asm 解读如下。

如图 2-17 所示方向的定义，机器人向前走时，从机器人的左边看，左轮是逆时针旋转的，从右边看右轮则是顺时针旋转的。

先让 P1.0 置高电平 1.3ms，接着让 P1.1 置高电平 1.7ms，最后延时 20ms。最后的结果是让右轮顺时针旋转，左轮逆时针旋转，使机器人向前行走。与任务 3 例程的不同之处在于，该例程全部使用定时器 0 的工作方式 1，仅在程序的开头进行了一次性设置。流程见图 2-18。

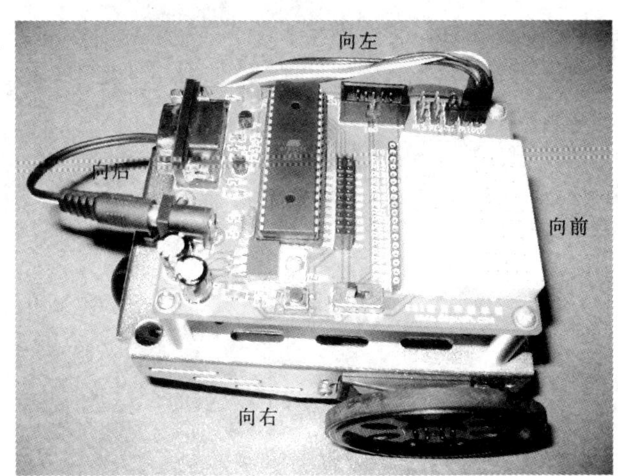

图 2-17 机器人及其前进方向的定义

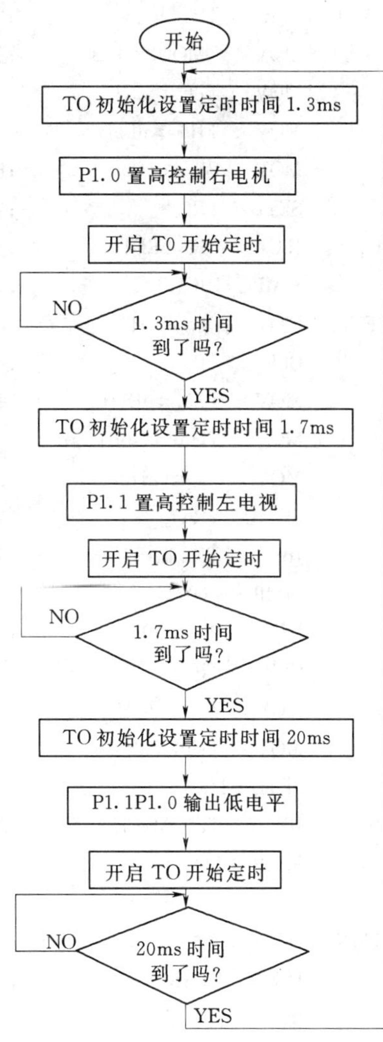

图 2-18 流程图

(二) 机器人后退控制

步骤 1 机器人伺服电机控制电路

保持任务 3 电路不变。

步骤 2 机器人前进 5s 例程下载、运行

例程：RobotForwardFiveSeconds.asm

(1) 确保控制器和伺服电机都已接通电源。

(2) 输入、保存、编译、下载并运行程序 RobotForwardFiveSeconds.asm。

(3) 观察机器人是否前进 5s 后停止。

```
    ORG   0000H
    LJMP  MAIN
MAIN:MOV  A，#0C8H                    ;循环 200 次
```

```
START： CLR    TR0              ;关闭 T0
        MOV    TMOD,＃01H       ;选择定时器 0 工作方式 1
        MOV    TL0,＃52H        ;赋初值,延时 1.3ms
        MOV    TH0,＃0FbH
        MOV    P1,＃01H         ;P10(右电机)置高,顺时针旋转
        SETB   TR0              ;启动 T0
RIGHT： JBC    TF0,LEFT         ;查询计数是否溢出,溢出清 TF0,转 LEFT
        SJMP   RIGHT            ;定时时间未到,继续等待
LEFT：  MOV    P1,＃00H         ;P10 置低
        CLR    TR0              ;关闭 T0
        MOV    TL0,＃0E1H       ;赋初值,延时 1.7ms
        MOV    TH0,＃0F9H
        MOV    P1,＃02H         ;P11(左电机)置高,逆时针旋转
        SETB   TR0              ;启动 T0
LOW1：  JBC    TF0,LAST         ;TF0=1,定时完成,跳到 LAST
        SJMP   LOW1             ;TF0=0,继续等待
LAST：  MOV    P1,＃00H         ;P11 置低
        CLR    TR0              ;关闭 T0
        MOV    TL0,＃00H        ;延时 20ms
        MOV    TH0,＃0B8H
        SETB   TR0
LOW2：  JBC    TF0,AGAIN        ;20ms 延时时间到
        SJMP   LOW2

AGAIN： DEC    A                ;循环次数减 1
        JNZ    START            ;A≠0,跳到 START 处重新执行,否则循环结束

        SJMP   $
        END
```

例程：RobotForwardFiveSeconds. asm 解读如下。

例程 RobotForward. asm 是让小车不停地向前行走，假如只让小车前进 5s，该怎么办呢？

只考虑延时部分相关指令，则完成一次瞬时前进过程的时间为：(1.3＋1.7＋20) ms ＝23ms，若将该过程循环执行 200 次，再加上指令的延时时间，则总共循环时间大概为 5s，即小车前进 5s（当然，若想精确计算，则需要考虑每条指令的延时时间，但没有必要）。

```
MAIN： MOV  A，＃0C8H        ;循环次数 200 放到 A 中保存
   ……                       ;机器人前进
AGAIN：DEC    A             ;循环过程完成 1 次则让 A 中的次数减 1
       JNZ    START         ;若次数≠0,跳到 START 处重新循环执行前进动作,否则循环结束
```

四、拓展训练

1. 机器人后退

假如要让机器人后退，只需右轮逆时针旋转而左轮顺时针旋转即可。

……（虚点表示该处程序与前例程相同）

```
MAIN：
    CLR    TR0
    MOV    TMOD,#01H
    MOV    TL0,#0E1H          ;赋初值,延时 1.7ms
    MOV    TH0,#0F9H
    SETB   P1.0               ;P1.0(右电机)置高,逆时针旋转
    ……
LEFT：
    CLR    P1.0
    CLR    TR0
    MOV    TL0,#52H           ;赋初值,延时 1.3ms
    MOV    TH0,#0FBH
    SETB   P1.1               ;P1.1(左电机)置高,顺时针旋转
    ……
```

2. 机器人原地左转

同理，两个轮子同时顺时针旋转可让机器人原地左转。

3. 机器人原地右转

两个轮子同时逆时针旋转可让机器人在原地。

4. 实现机器人原地右转 1.25s 后停止

机器人原地右转，左右轮均逆时针转，只考虑延时部分相关指令，则一次循环结束延时时间为：(1.7＋1.7＋2.0)ms＝23.4ms，若循环 50 次，再加上指令的延时时间，则总共循环时间大概为 1.25s。

```
    ORG     0000H
    LJMP    MAIN
MAIN：  MOV    A,  #50          ;循环 50 次,时间约 1.25s
;****************机器人原地右转程序****************
START：CLR     TR0              ;关闭 T0
        ……                      ;此处请自行补上
;******************************************
AGAIN：DEC     A                ;循环次数减 1
       JNZ     START            ;A≠0,跳到 START 处重新执行,否则循环结束

       SJMP    $
       END
```

任务5　调用子程序简化运动程序

一、任务描述

（1）本任务利用子程序调用简化机器人的运动程序。

（2）本任务用到的元器件：机器人左、右轮电机。

二、知识点归纳与讲解

（一）子程序结构与设计

假如要使机器人先前进几秒，再左转几秒，再右转……是不是把相关的程序片段顺序罗列下来呢？这种方法虽然是可行的，但是程序显然会很冗长。

在实际问题中，常常会遇到在一个程序中有许多相同的运算或操作，比如刚才提到的基本巡航动作（前进、左转、右转和后退）。如果每遇到这些运算或操作都从头编起，则程序将非常繁琐且浪费内存。因此在实用中，通常把这些多次使用的程序段，按一定结构编好，存放在内存中，当需要时，程序可以去调用这些独立的程序段。通常将这种可以被调用的程序段称为子程序。调用子程序的程序称为主程序。使用子程序的过程称为调用子程序，子程序执行完后返回主程序的过程称为子程序返回。

子程序是一种具有某种功能的程序段，其资源要为所有调用程序共享，因此，子程序在功能上应具有通用性，在结构上应具有独立性。子程序在结构上与一般程序的主要区别是在子程序末尾有一条子程序返回指令（RET），其功能是当子程序执行完后通过将栈内的断点地址弹出至PC返回到主程序中去。

编写子程序时要注意以下几点：

（1）要给每个子程序赋一个名字，实际上是一个入口地址的代号。

（2）注意保护现场和恢复现场。在执行子程序时，可能要使用某些寄存器，而在调用子程序之前，这些寄存器已经存放有主程序的中间结果，这些中间结果是不允许被破坏的。因而在子程序使用这些寄存器之前，要将其中的内容保存起来，即保护现场。当子程序执行完，即将返回主程序之前，再将这些内容取出，送到这些寄存器中，这一过程称为恢复现场。

保护和恢复现场常用堆栈来进行。在需要保护现场的情况，编写子程序时，要在子程序的开始使用压栈指令，把需要保护的寄存器内容压入栈。当子程序执行完，在返回指令前使用弹出指令，把栈中保护的内容弹出到原来的寄存器，这样就恢复了现场。

（二）堆栈、栈指针SP（Stack Pointer）

栈指针SP是一个8位的特殊功能寄存器，在这个寄存器中始终存放着栈顶的地址。每存入（或取出）一个字节数据，SP就自动加1（或减1），SP始终指向新的栈顶。

栈是一个特殊的存储区，主要功能是暂时存放数据和地址，通常用来保护断点和现场。它的特点是按照“先进后出”的原则存取数据，这里的“进”与“出”是指进栈和出栈操作，也称为压入和弹出。在51单片机中通常是指定内部数据存储器08～7FH中的一部分作为栈。

如图 2-19 所示，第一个进栈的数据所在的存储单元称为栈底，然后逐次进栈，最后进栈的数据所在存储单元称为栈顶，随着存放数据的增减，栈顶是变化的，从栈中取数，总是先取栈顶的数据，即最后进栈的数据先取出。在图 2-19（a）中，栈底为 30H，栈指针 SP 的内容为 47H，即它的栈顶为 47H。在图 2-19（b）中，向栈中压入 1 个数 67H 后，SP 的内容为 48H，在图 2-19（c）中，从栈中连续取 2 个数后，SP 的内容为 46H。此时，栈顶的数为 27H，而最先进栈的数据最后取出，即图 2-19 中 30H 中的 A0H 最后取出。

栈的操作有两种方式：一种是指令方式，即使用栈操作指令进行“进/出栈”操作，用户可根据需要使用栈操作指令对现场进行保护和恢复；一种是自动方式，即在调用子程序或产生中断时，返回地址（断点）自动进栈，程序返回时，断点地址再自动弹回 PC。这种栈操作不需要用户干预，是通过硬件自动实现的。

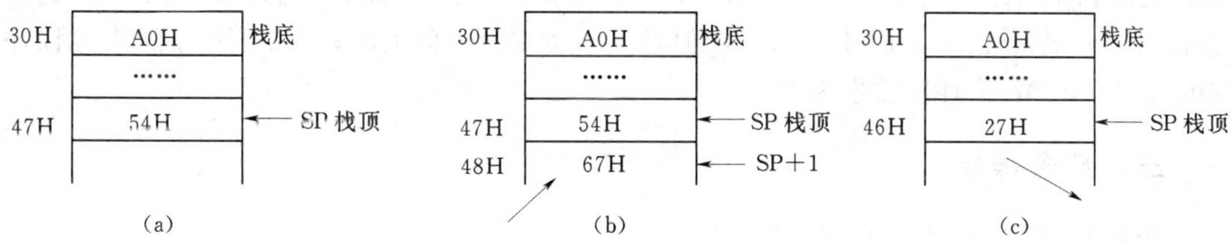

图 2-19　堆栈进/出栈操作图

（三）汇编指令：调用、返回、ZNC、CJNE

1. 调用子程序及返回指令

```
LCALL  addr16
ACALL  addr11
RET
```

LCALL 指令是长调用指令（3 字节）。执行时，先将 PC 加 3，指向下条指令地址（即断点地址），然后将断点地址压入栈，再把指令中的 16 位子程序入口地址装入 PC，程序转到子程序。

ACALL 指令是绝对（也称短）调用指令（双字节），其保护断点地址过程同上，但 PC 只需加 2，其转入子程序入口过程类同 LCALL 指令。被调用的子程序入口地址必须与调用指令 ACALL 下一条指令的第 1 个字节在相同的 2KB 存储区之间。

RET 指令是子程序返回指令。执行时将栈内的断点地址弹出送入 PC，使程序返回原断点地址。

2. 加 1 指令 INC

```
INC  A
```

与 DEC 对应，该指令的功能是把累加器 A 中的数加 1 后存入累加器 A 中，该指令影响奇偶标志位。

3. 条件转移指令 CJNE

CJNE A，#data，rel

A 与立即数 data 进行比较，当 A 不等于 data 时，跳转到 rel 处执行；当 A 等于 data 时，下向继续执行。

该指令影响程序状态寄存器 PSW 中的最高位 C。

C（CY）：进位标志，在指令中把 CY 简写为 C。在进行加法或减法运算时，如果操作结果最高位（位 7）有进位或有借位，CY 置“1”，否则置“0”

现在看 CJNE 是如何影响进位标志 C 的：当 A＞data 时，C 置“0”；当 A＜data 时，C 置“1”。相当于 A 与 data 做了减法运算。

例程 MoveWithSubprogram. asm 开始执行时，先给累加器 A 赋循环初值 200（即#0C8H)，然后调用子程序 FORWARD 向前行走，每循环一次 A 减 1，直到 A 减为 0 为止；之后调用后退子程序 BACKWARD，此时每循环一次 A 加 1，直到 A 加至 200 为止；然后调用左转子程序 LEFTWARD，但此时循环次数降为 50；最后调用右转子程序 RIGHTWARD，循环次数也为 50。

三、任务操作

步骤 1 机器人伺服电机控制电路

保持任务 3 电路不变。

步骤 2 例程下载、运行

例程：MoveWithSubprogram. asm

（1）确保控制器和伺服电机都已接通电源。

（2）输入、保存、编译、下载并运行程序 MoveWithSubprogram. asm。

（3）观察机器人是否前进 5s、后退 5s、左转 1. 25s、右转 1. 25s 后停止。

```
        ORG     0000H
        LJMP    MAIN
MAIN:   MOV     A，#0C8H             ；赋循环初值 200
FORW:   LCALL   FORWARD              ；调用 FORWARD 向前子程序
        DEC     A                    ；循环次数减 1
        JNZ     FORW                 ；A=0，往下继续执行；否则跳回 FOR 处重新执行

BACW:   ACALL   BACKWARD             ；调用 BACKWARD 向后子程序
        INC     A                    ；A 加 1，直到为 200
        CJNE    A，#0C8H，BACW       ；若 A 未到 200，则跳回 BACW 处继续执行

LEFTW:  ACALL   LEFTWARD  ；调用左转子程序
        DEC     A                    ；A 减 1，直到是 150
        CJNE    A，#96H，LEFTW       ；左转循环次数为 200－150＝50 次

RIGHTW: ACALL   RIGHTWARD            ；调用右转子程序 RIGHTWARD
```

```
        INC     A                       ；A加1，直到为200
        CJNE    A，#0C8H，RIGHTW        ；右转次数也为50

        SJMP    $                       ；等待
；************************前进子程序************************
FORWARD：  CLR     TR0                  ；关闭T0
        MOV     TMOD，#01H              ；选择定时器0工作方式1
        MOV     TL0，#52H               ；赋初值，延时1.3ms
        MOV     TH0，#0FBH
        SETB    P1.0                    ；P1.0（右电机）置高，顺时针旋转
        SETB    TR0                     ；启动T0
    F_RIGHT：
        JBC     TF0，F_LEFT             ；查询计数是否溢出，溢出清TF0，转LEFT
        SJMP    F_RIGHT                 ；定时时间未到，继续等待
    F_LEFT：
        CLR     P1.0                    ；P10置低
        CLR     TR0                     ；关闭T0
        MOV     TL0，#0E1H              ；赋初值，延时1.7ms
        MOV     TH0，#0F9H
        SETB    P1.01                   ；P11（左电机）置高，逆时针旋转
        SETB    TR0                     ；启动T0
    F_LOW1：
        JBC     TF0，F_LAST             ；TF0=1，定时完成，跳到LAST
        SJMP    F_LOW1                  ；TF0=0，继续等待
    F_LAST：
        CLR     P1.1                    ；P11置低
        CLR     TR0                     ；关闭T0
        MOV     TL0，#00H               ；延时20ms
        MOV     TH0，#0B8H
        SETB    TR0
    F_LOW2：
        JBC     TF0，F_OVER             ；20ms延时时间到，返回
        SJMP    F_LOW2：
    F_OVER：RET
  ；************************后退子程序************************
BACKWARD：
        CLR     TR0                     ；关闭T0
        MOV     TMOD，#01H              ；选择定时器0工作方式1
        MOV     TL0，#0E1H              ；赋初值，延时1.7ms
        MOV     TH0，#0F9H
        SETB    P1.0                    ；P1.0（右电机）置高，逆时针旋转
        SETB    TR0                     ；启动T0
    B_RIGHT：
        JBC     TF0，B_LEFT             ；查询计数是否溢出，溢出清TF0，转LEFT
```

```
        SJMP    B_RIGHT         ；定时时间未到，继续等待
   B_LEFT：
        CLR     P1.0            ；P1.0 置低
        CLR     TR0             ；关闭 T0
        MOV     TL0，#52H       ；赋初值，延时 1.3ms
        MOV     TH0，#0FBH
        SETB    P1.01           ；P1.1（左电机）置高，顺时针旋转
        SETB    TR0             ；启动 T0
   B_LOW1：
        JBC     TF0，B_LAST     ；TF0=1，定时完成，跳到 LAST
        SJMP    B_LOW1          ；TF0=0，继续等待
   B_LAST：
        CLR     P1.1            ；P1.1 置低
        CLR     TR0             ；关闭 T0
        MOV     TL0，#00H       ；延时 20ms
        MOV     TH0，#0B8H
        ETB     TR0
   B_LOW2：
        JBC     TF0，B_OVER     ；20ms 延时时间到，返回
        SJMP    B_LOW2：
      B_OVER：RET
；************************左转子程序************************
LEFTWARD：
        CLR     TR0             ；关闭 T0
        MOV     TMOD，#01H      ；选择定时器 0 工作方式 1
        MOV     TL0，#52H       ；赋初值，延时 1.3ms
        MOV     TH0，#0FBH
        SETB    P1.0            ；P1.0（右电机）置高，顺时针旋转
        SETB    TR0             ；启动 T0
   L_RIGHT：
        JBC     TF0，L_LEFT     ；查询计数是否溢出，溢出清 TF0，转 LEFT
        SJMP    L_RIGHT         ；定时时间未到，继续等待
      L_LEFT：
        CLR     P1.0            ；P1.0 置低
        CLR     TR0             ；关闭 T0
        MOV     TL0，#52H       ；赋初值，延时 1.3ms
        MOV     TH0，#0FBH
        SETB    P1.01           ；P1.1（左电机）置高，顺时针旋转
        SETB    TR0             ；启动 T0
   L_LOW1：
        JBC     TF0，L_LAST     ；TF0=1，定时完成，跳到 LAST
        SJMP    L_LOW1          ；TF0=0，继续等待
   L_LAST：
        CLR     P1.1            ；P1.1 置低
```

```
        CLR     TR0                 ；关闭 T0
        MOV     TL0，＃00H          ；延时 20ms
        MOV     TH0，＃0B8H
        SETB    TR0
    L_LOW2：
        JBC     TF0，L_OVER         ；20ms 延时时间到，返回
        SJMP    F_LOW2：
  L_OVER：RET                       ；返回
    ；************************右转子程序************************
RIGHTWARD：
        CLR     TR0                 ；关闭 T0
        MOV     TMOD，＃01H         ；选择定时器 0 工作方式 1
        MOV     TL0，＃0E1H         ；赋初值，延时 1.7ms
        MOV     TH0，＃0F9H
        SETB    P1.0                ；P1.0（右电机）置高，逆时针旋转
        SETB    TR0                 ；启动 T0
    R_RIGHT：
        JBC     TF0，R_LEFT         ；查询计数是否溢出，溢出清 TF0，转 LEFT
        SJMP    R_RIGHT             ；定时时间未到，继续等待
    R_LEFT：
        CLR     P1.0                ；P1.0 置低
        CLR     TR0                 ；关闭 T0
        MOV     TL0，＃0E1H         ；赋初值，延时 1.7ms
        MOV     TH0，＃0F9H
        SETB    P1.1                ；P1.1（左电机）置高，逆时针旋转
        SETB    TR0                 ；启动 T0
    R_LOW1：
        JBC     TF0，R_LAST         ；TF0=1，定时完成，跳到 LAST
        SJMP    R_LOW1              ；TF0=0，继续等待
    R_LAST：
        CLR     P1.1                ；P11 置低
        CLR     TR0                 ；关闭 T0
        MOV     TL0，＃00H          ；延时 20ms
        MOV     TH0，＃0B8H
        SETB  TR0
    R_LOW2：
        JBC     TF0，R_OVER         ；20ms 延时时间到，返回
        SJMP    R_LOW2：
      R_OVER：RET                   ；返回至调用处
    END
```

例程 MoveWithSubprogram.asm 解读如下。

本例程应用了子程序调用的特点，使得流程清晰，对于程序中需要反复执行的某段程序，可以不用反复书写，大大简化了程序。程序流程图见图 2-20。

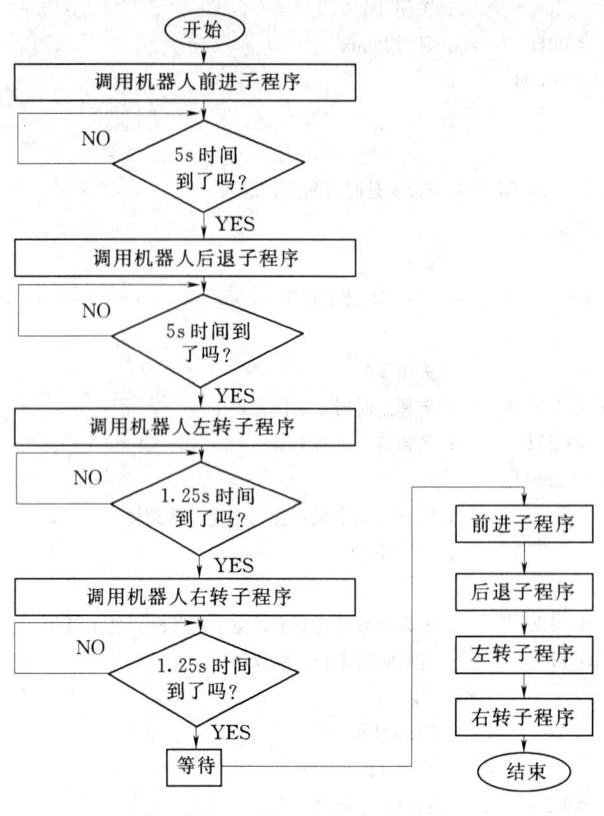

图 2-20　程序流程图

四、拓展训练

利用子程序调用来简化任务 2 中的例程：LEDcontinuously.asm。

例程 LEDcontinuously.asm 中两次用到了 250ms 延时程序，可以将重复用到的延时程序写成子程序，以供重复调用。以下即为简化程序。

```
        ORG     0000H
        AJMP    MAIN
MAIN：  MOV     P1，#00H          ；P1.0 置低，LED 灯亮
        ACALL   DEL250MS          ；调用 DEL250MS 延时子程序
        MOV     P1，#01H          ；P1.0 置高，LED 灯灭
        ACALL   DEL250MS
        AJMP    MAIN              ；无条件绝对跳转至 MAIN 指令
；*******软件延时 250ms 子程序*********
DEL250MS：……                     ；省略
        DJNZ    R0，HIG2
        RET                       ；子程序结束返回
END
```

再现任务 2 中例程 LEDcontinuously.asm 电路，验证结果。

工程规范提示：

实际工程中，软、硬件的设计需尽可能的最优化，所以能够用类似子程序调用等方式简化程序的时候，就需要简化。

任务6　机器人巡航动作的键选控制

一、任务描述

（1）本任务利用P0.0、P0.1、P0.2、P0.3控制的四个按键，分别控制机器人选择前进、后退、左转、右转等基本动作。

（2）本任务用到的元器件：触点按键4个。

二、知识点归纳与讲解

（一）P0口作为输入接口

P0口中的一个端口与按键相连，将按键高低电平信息反映在P0端口以供单片机查询，即将键盘信息输入给单片机。

（二）独立式键盘

键盘是计算机最常用的输入设备，是实现人机对话的纽带。按其结构形式可分为编码键盘和非编码键盘。

编码键盘采用硬件方法产生键码。每按下一个键，键盘能自动生成键盘代码，键数较多，且具有去抖动功能。这种键盘使用方便，但硬件较复杂，PC机所用键盘即为编码键盘。非编码键盘仅提供按键开关工作状态，其键码由软件确定，这种键盘键数较少，硬件简单，广泛应用于各种单片机应用系统，本书主要介绍非编码键盘的设计与应用。

按照键盘与单片机的连接方式可分为独立式键盘与矩阵式键盘。独立式键盘相互独立，每个按键占用一根I/O口线，每根I/O口线上的按键工作状态不会影响其他按键的工作状态。这种按键软件程序简单，但占用I/O口线较多（一根口线只能接一个键），适用于键盘应用数量较少的系统中。

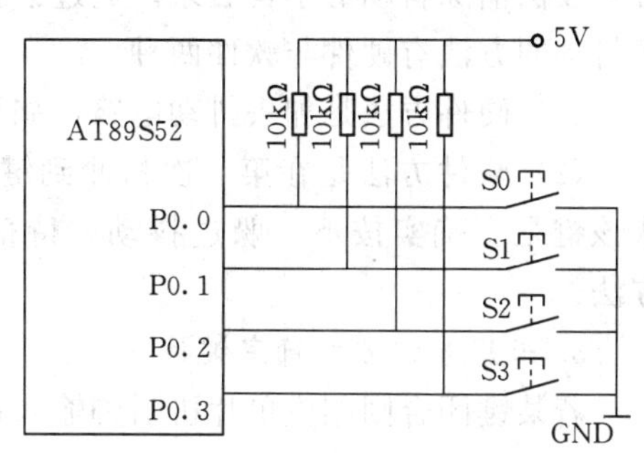

图2-21　独立式键盘应用电路

图2-21为4个独立式按键的应用电路。其键盘程序如下。

1. 键闭合测试，检查是否有键闭合

```
KCS：MOV   P1，#0FFH
     MOV   A，P1
     CPL   A
     ANL   A，#0FH
     RET
```

若有键闭合，则（A≠0）。

若无键闭合，则（A=0）。

（1）数据传送类指令 MOV A，direct

表示将 RAM 中 direct 单元中的数据送给累加器 A。

例如：MOV A，P1 ；A←（P1）

（2）A 取反指令 CPL A

此指令格式不能改变，表示将 A 中数据按位取反后重新送 A 保存起来，该指令影响 P 标志。

（3）逻辑与运算指令 ANL A，＃data

逻辑与运算操作，即 A←(A)∧ ＃data。

主要可用于清零：若要将 A 中某位清零，则用该位与 0 相与；若要某位值保持不变，则用该位与 1 相与。

例如，要将 A 的第 5 位清零，其余位保持不变，可以有两种方法：第一种是直接使用位清零指令：CLR ACC.5。第二种是巧妙应用逻辑与运算，将 A 的第 5 位与 0 相与清零，其余位与 1 相与保持不变：ANL A ，＃11011111B。

2. 去抖动

当测试到有键闭合后，需进行去抖动处理。由于按键闭合时的机械弹性作用，按键闭合时不会马上稳定接通，按键断开时也不会马上断开，由此在按键闭合与断开的瞬间会出现电压抖动，如图 2-22 所示。键盘抖动的时间一般为 5～10ms，抖动现象会引起 CPU 对一次键操作进行多次处理，从而可能产生错误，因而必须设法消除抖动的不良后果。通过去抖动处理，可以得到按键闭合与断开的稳定状态。去抖动的方法有硬件与软件两种。

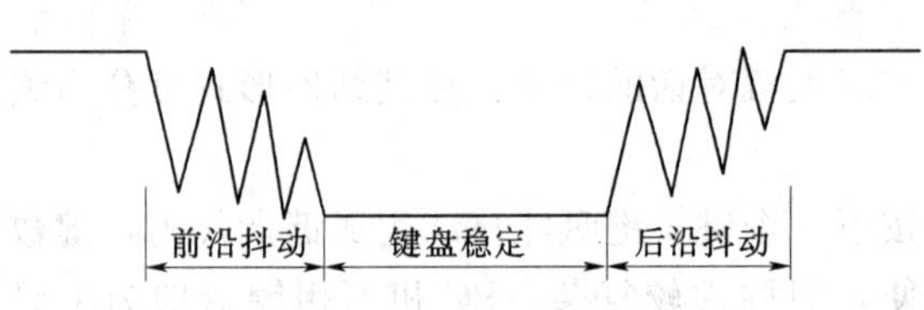

图 2-22　键抖动示意图

（1）硬件方法是加去抖动电路，如可通过 RS 触发器实现硬件去抖动。

（2）软件方法是在第一次检测到键盘按下后，执行一段 10ms 的延迟子程序后再确认该键是否确实按下，躲过抖动，待信号稳定之后，再进行键扫描。通常多采用软件方法。

3. 采用查询方式确定键位

若某键闭合则相应单片机引脚输入低电平。

4. 键释放测试

键盘闭合一次只能进行一次键功能操作，因此必须等待按键释放后再进行键功能操作，否则按键闭合一次系统会连续多次重复相同的键操作（对于开关式按键，可不必等待键释放）。

程序如下：

```
KEY: ACALL    DELAY        ；延时 10ms 消抖动
     ACALL    KCS          ；调用键闭合测试子程序，检查有键闭合否
```

```
        JNZ         KEY              ；有键未释放则返回 KEY 继续查询
        ……                           ；无键闭合，顺序执行键处理程序
```

完整按键号查询及处理程序：

```
MAIN：ACALL KCS
      JZ      MAIN

KEY0：JNB     ACC.0，KEY1  ；不是 0 号键，查下一键
KSF0：ACALL   DELAY        ；是 0 号键，调用延时等待键释放
      ACALL   KCS          ；检查键释放否
      JNZ     KSF0         ；没释放等待
      ACALL FUN0           ；若键已释放，调用执行 0 号键功能子程序 FUN0
      AJMP RETURN          ；返回

KEY1：JNB     ACC.1，KEY2  ；检测 1 号键
KSF1：ACALL    DELAY
      ACALL    KCS
      JNZ    KSF1
      ACALL FUN1           ；若键已释放，调用执行 1 号键功能子程序 FUN1
      AJMP RETURN

KEY2：……

KEY3：JNB     ACC.3，RETURN    ；检测 3 号键
KSF3：ACALL DELAY
      ACALL     KCS
      JNZ      KSF3
      ACALL    FUN3        ；若键已释放，调用执行 3 号键功能子程序 FUN3

RETURN：SJMP      $        ；程序结束

KCS：  MOV  P1，#0FFH      ；查询是否有键按下子程序
       MOV  A，P1
       CPL  A
       ANL  A，#0FH
       RET

DELAY：MOV R1，#20         ；软件延时 10ms 子程序
DEL1：MOV R0，#250
DEL0：DJNZ R0，DEL0
      DJNZ R1，DEL1
      RET
END
```

（1）累加器 A 判零跳转指令 JZ rel

若 A=0，则 PC←PC+2+rel，否则程序顺序执行。

（2）位判 1 跳转指令 JB bit，rel

若 bit=1，则 PC←PC+3+rel，否则顺序执行。

（3）位非 1 跳转指令 JNB bit，rel

若 bit≠1，则 PC←PC+3+rel，否则顺序执行。

三、任务操作

步骤 1 机器人巡航动作的键选控制电路

按照图 2-23，将 P0.0、P0.1、P0.2、P0.3 分别与对应按键相连，机器人电机控制电路不变。

步骤 2 例程下载、运行

例程 MoveWithKey. ASM

（1）确保控制器和伺服电机都已接通电源。

（2）输入、保存、编译、下载并运行程序 MoveWithKey. ASM。

（3）观察机器人是否由四个按键选择前进 5s、后退 5s、左转 5s 还是右转 5s。

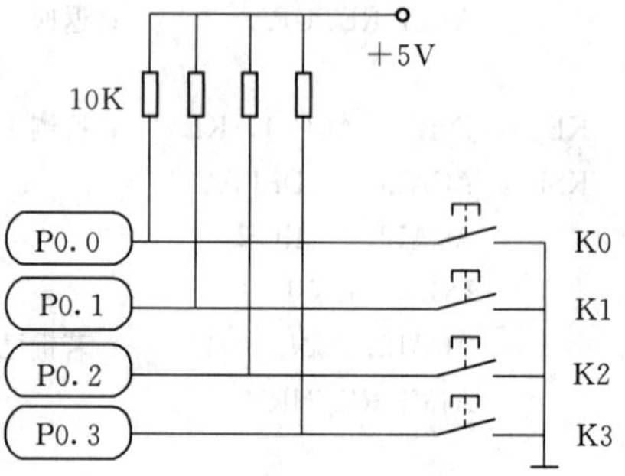

图 2-23 按键开关连接电路

```
          ORG      0000H
          AJMP     MAIN
MAIN:     MOV      A, #0C8H       ；赋循环初值 200
   FORW:  JB       P0.0, BACW     ；如果 K0 按下，则顺序执行，机器人前进；否则跳至 BACW
   FORW1: LCALL    FORWARD        ；调用 FORWARD 前进子程序
          DEC      A              ；循环次数减 1
          JNZ      FORW1          ；A=0，往下继续执行；否则跳回 FORW1 处重新执行
          SJMP     MAIN

BACW:     JB  P0.1, LEFTW         ；如果 K1 按下，则顺序执行，机器人后退；否则跳至 LEFTW
BACW1:    LCALL    BACKWARD       ；调用 BACKWARD 后退子程序
          DEC      A              ；A 循环次数减 1
          JNZ      BACW1          ；A=0，往下继续执行；否则跳回 BACW1 处继续执行
          SJMP     MAIN

LEFTW:    JB       P0.2, RIGHTW   ；如果 K2 按下，则顺序执行，机器人左转；否则跳至 RIGHTW
LEFTW1:   LCALL    LEFTWARD       ；调用 LEFTWARD 左转子程序
          DEC      A              ；A 循环次数减 1
          JNZ      LEFTW1         ；A=0，往下继续执行；否则跳回 LEFTW1 处重新执行
          SJMP     MAIN

RIGHTW:   JB       P0.3, MAIN     ；若 K3 按下，则顺序执行，机器人右转；否则跳至 MAIN
RIGHTW1:  L ACALL  RIGHTWARD      ；调用 RIGHTWARD 右转子程序
          DEC      A              ；A 循环次数减 1
          JNZ      RIGHTW1        ；右转次数也为 200
```

```
        SJMP    MAIN
;************前进、后退、左转、右转子程序**********************
    ……                              ;此处省略，请自行补上
;*************************************************************
        END
```

例程 MoveWithKey. ASM 解读如下。

在任务 5 的基础上，我们知道了如何让机器人做基本巡航动作。

现在问题的关键是，如何把机器人要执行动作的选择信息送给机器人，机器人查询到这个信息才能去辨别执行？既然要把信息输入给机器人，必定要借助机器人的输入接口。四种基本动作的执行与否的命令信息由四个按键来产生高、低电平并通过输入接口如 P0 口传送给机器人。

P0.0、P0.1、P0.2、P0.3 分别控制按键 K0、K1、K2、K3，键不按下，输入高电平；按下，则输入低电平，分别表示前进 5s、后退 5s、左转 5s、右转 5s。执行流程见图 2-24。

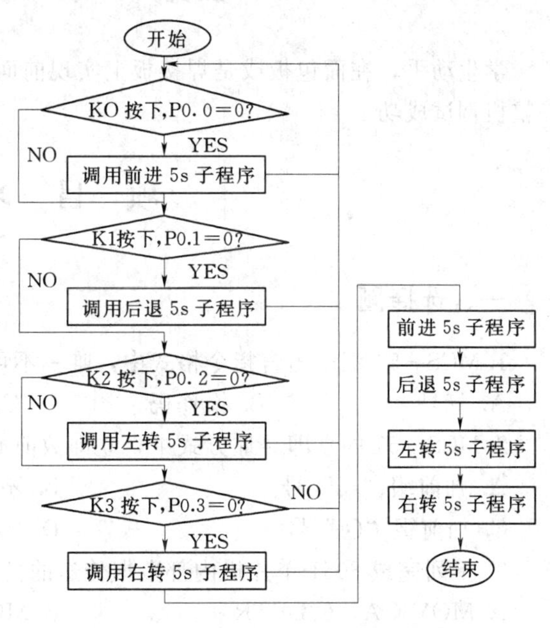

图 2-24　程序流程图

四、拓展训练

能停下来的机器人键选控制。

在本例程基础上，加一个停止按键，具体要求：四个按键分别选择机器人前进、后退、左转、右转，选择一种动作后机器人一直持续这种动作，直到按下停止键，机器人方可停止运动。再选择某动作，直到按下停止键停止，以此往复。

加一个停止按键：选用 P1.4 连接此按键，电路连接与其他按键电路类似。

```
        ORG     0000H
        AJMP    MAIN
MAIN:   LCALL STOP
FORW:   JB   P0.0, BACW        ;如果 K0 按下，则顺序执行，机器人前进；否则跳至 BACW
FORW1:  LCALL   FORWARD        ;调用 FORWARD 前进子程序
        JB    P0.4    FORW1
        SJMP    MAIN
BACW:………                      ;K1 键查询，请自行编写
        SJMP  MAIN
LEFTW:  ……                     ;K2 键查询，请自行编写
```

```
    SJMP    MAIN
RIGHTW：……                   ；K3 键查询，请自行编写
    SJMP     MAIN
    ……                       ；停止、前进、后退、左转、右转子程序，此处省略，请自行补上
    END
```

任务 7 学 生 实 践

学生动手，在面包板或是焊接板上实现前面任务中的电路，并按照基本流程操作，最终整机调试成功。

项 目 习 题

一、选择题

1. MCS－51 汇编语言指令格式中，唯一不可缺少的部分是________。

A. 标号　　B. 操作码　　C. 操作数　　D. 注释

2. MCS－51 的立即寻址方式中，立即数前面________。

A. 加前缀"/："号　　B. 不加前缀号

C. 加前缀"@"号　　D. 加前缀"#"号

3. 下列完成 8051 单片机内部数据传送的指令是________。

A. MOVX A，@DPTR　　B. MOVC A，@A＋PC

C. MOV A，#data　　D. MOV direct，direct

4. 单片机中 PUSH 和 POP 指令常用来________。

A. 保护断点　　B. 保护现场

C. 保护现场，恢复现场　　D. 保护断点，恢复断点

5. MCS－51 寻址方式中，操作数 Ri 加前缀"@"号的寻址方式是________。

A. 寄存器间接寻址　　B. 寄存器寻址

C. 基址加变址寻址　　D. 立即寻址

6. MCS－51 寻址方式中，立即寻址的寻址空间是________。

A. 工作寄存器 R0～R7　　B. 专用寄存器 SFR　　C. 程序存储器 ROM

D. 片内 RAM 的 20H～2FH 按节中的所有位和部分专用寄存器 SFR 的位

7. 执行指令 MOVX A，@DPTR 时，$\overline{WR}$、$\overline{RD}$ 脚的电平为________。

A. $\overline{WR}$ 高电平，$\overline{RD}$ 高电平　　B. $\overline{WR}$ 低电平，$\overline{RD}$ 高电平

C. $\overline{WR}$ 高电平，$\overline{RD}$ 低电平　　D. $\overline{WR}$ 低电平，$\overline{RD}$ 低电平

8. 下列指令中比较转移指令是指________。

A. DJNZ Rn，rel　　B. CJNE Rn，#data，rel

C. DJNZ direct，rel　　D. JBC bit，rel

9. 指令 MOV R0，＃20H 执行前（R0）＝30H，（20H）＝38H，执行后（R0）＝________。

A. 00H　　B. 20H　　C. 30H　　D. 38H

10. 指令 MOV R0，20H 执行前（R0）＝30H，（20H）＝38H，执行后（R0）＝________。

A. 20H　　B. 30H　　C. 50H　　D. 38H

11. 执行如下三条指令后，30H 单元的内容是________。

MOV R1，＃30H

MOV 40H，＃0EH

MOV @R1，40H

A. 40H　　B. 0EH　　C. 30H　　D. FFH

12. MCS－51 指令 MOV R0，＃20H 中的 20H 是指________。

A. 立即数　　B. 内部 RAM20H　　C. 一个数的初值

D. 以上三种均有可能，视该指令的在程序中的作用

13. MCS－51 单片机在执行 MOVX A，@DPTR 或 MOVC A，@A＋DPTR 指令时，其寻址单元的地址是由________。

A. P0 口送高 8 位，P1 口送高 8 位　　B. P0 口送低 8 位，P1 口送高 8 位

C. P0 口送低 8 位，P1 口送低 8 位　　D. P0 口送高 8 位，P1 口送低 8 位

14. 在 MCS－51 指令中，下列指令中________是无条件转移指令。

A. LCALL addr16　　B. DJNZ direct，rel　　C. SJMP rel　　D. ACALL addr11

15. 将内部数据存储单元的内容传送到累加器 A 中的指令是________。

A. MOVX A，@R0　　B. MOV A，＃data

C. MOV A，@R0　　D. MOVX A，@DPTR

16. 已知：A＝D2H，（40H）＝77H，执行指令：ORL A，40H 后，其结果是：________。

A. A＝77H　　B. A＝F7H　　C. A＝D2H　　D. 以上都不对

17. 指令 MUL AB 执行前（A）＝18H，（B）＝05H，执行后，A、B 的内容是________。

A. 90H，05H　　B. 90H，00H　　C. 78H，05H　　D. 78H，00H

18. MCS－51 指令系统中，清零指令是________。

A. CPL A　　B. RLC A　　C. CLR A　　D. RRC A

19. MCS－51 指令系统中，求反指令是 。

A. CPL A　　B. RLC A　　C. CLR A　　D. RRC A

20. MCS－51 指令系统中，指令 MOV A，@R0，执行前（A）＝86H，（R0）＝20H，（20H）＝18H，执行后________。

A. （A）＝86H　　B. （A）＝20H　　C. （A）＝18H　　D. （A）＝00H

21. MCS－51 指令系统中，指令 CLR A；表示________。

A. 将 A 的内容清 0　　B. 将 A 的内容置 1

C. 将 A 的内容各位取反，结果送回 A 中　　D. 循环移位指令

22. MCS－51 指令系统中，格式为“ORG 16 位地址”的指令功能是________。

A. 用于定义字节　　B. 用于定义字

C. 用来定义汇编程序的起始地址　　D. 用于定义某特定位的标识符

23. MCS－51 指令系统中，执行下列程序后，堆栈指针 SP 的内容为________。

```
MOV      SP，＃30H
MOV      A，20H
LACALL   1000
MOV      20H，A
SJMP     $
```

A. 00H　　B. 30H　　C. 32H　　D. 07H

24. 能访问内部数据存储器的传送指令是________。

A. MOVC 指令　　B. MOV 指令　　C. MOVX 指令　　D. DJNZ 指令

25. 能访问外部数据存储器的传送指令是________。

A. MOV 指令　　B. MOVC 指令　　C. MOVX 指令　　D. DJNZ 指令

26. 比较转移指令是______。

A. DJNZ R_0 rel　　B. CJNE A，direct rel

C. DJNZ direct rel　　D. JBC bit rel

27. 将内部数据存储器 53H 单元的内容传送至累加器，其指令是________。

A. MOV A，53H　　B. MOV A，＃53H

C. MOVC A，53H　　D. MOVX A，＃53H

二、判断题

(　　) 1. MCS－51 单片机的指令格式中操作码与操作数之间必须用“，”分隔。

(　　) 2. MCS－51 指令“MOV A，＃40H”表示将立即数 40H 传送至 A 中。

(　　) 3. MCS－51 指令“MOV A，@R0 ”表示将 R0 指示的地址单元中的内容传送至 A 中。

(　　) 4. MCS－51 指令“MOVX A，@DPTR”表示将 DPTR 指示的地址单元中的内容传送至 A 中。

(　　) 5. MCS－51 的数据传送指令是把源操作数传送到目的操作数，指令执行后，源操作数改变，目的操作数修改为源操作数。

(　　) 6. MCS－51 指令中，MOVX 为片外 RAM 传送指令。

(　　) 7. MCS－51 指令中，MOVC 为 ROM 传送指令。

(　　) 8. 将 37H 单元的内容传送至 A 的指令是：MOV A，＃37H。

(　　) 9. MCS－51 指令中，16 位立即数传送指令是：MOV DPTR，＃data16。

(　　) 10. MCS－51 单片机，CPU 对片外 RAM 的访问只能用寄存器间接寻址的方式，且仅有 4 条指令。

(　　) 11. 如 JC rel 发生跳转时，目标地址为当前指令地址加上偏移量。

（　　）12. 对于 8051 单片机，当 CPU 对内部程序存储器寻址超过 4KB 时，系统会自动在外部程序存储器中寻址。

（　　）13. 指令 MUL AB 执行前（A）＝F0H，（B）＝05H，执行后（A）＝FH5，（B）＝00H。

（　　）14. 已知：DPTR＝11FFH，执行 INC DPTR 后，结果：DPTR＝1200H。

（　　）15. 已知：A＝11H B＝04H，执行指令 DIV AB 后，结果：A＝04H，B＝1 CY＝OV＝0。

（　　）16. 已知：A＝1FH，（30H）＝83H，执行 ANL A，30H 后，结果：A＝03H（30H）＝83H P＝0。

（　　）17. 无条件转移指令 LJMP addr16 称长转移指令，允许转移的目标地址在 128KB 空间范围内。

（　　）18. MCS－51 指令系统中，执行指令 FGO bit F0 ，表示凡用到 F0 位的指令中均可用 FGO 来代替。

（　　）19. MCS－51 指令系统中，执行指令

ORG 2000H；

BCD：DB“A，B，C，D”

表示将 A、B、C、D 的 ASII 码值依次存入 2000H 开始的连续单元中。

（　　）20. MCS－51 指令系统中，指令 CJNE A，＃data，rel 的作用相当于 SUBB A，＃data 与 JNC rel 的作用。

（　　）21. MCS－51 指令系统中，指令 JNB bit，rel 是判位转移指令，即表示 bit＝1 时转。

（　　）22. 8031 单片机的 PC 与 DPDR 都在 CPU 片内，因此指令 MOVC A，@A＋PC 与指令 MOVC A，@A＋DPTR 执行时只在单片机内部操作，不涉及片外存储器。

（　　）23. MCS－51 指令系统中，指令 AJMP addr11 称绝对转移指令，指令包含有 11 位的转移地址；它是把 PC 的高 5 位与指令第一字节中的第 7～5 位（第 4～0 位为 00001）和指令的第二字中的 8 位合并在一起构成 16 位的转移地址。

（　　）24. MCS－51 单片机中 PUSH 和 POP 指令只能保护现场，不能保护断点。

（　　）25. 绝对调用指令 ACALL addr11 能在本指令后一字节所在的 2KB 程序存储区内调用子程序。

（　　）26. 指令 LCALL addr16 能在 64KB 范围内调用子程序。

（　　）27. 设 PC 的内容为 35H，若要把程序存储器 08FEH 单元的数据传送至累加器 A，则必须使用指令 MOVC A，@A＋PC。

（　　）28. 指令 MOV A，00H 执行后 A 的内容一定为 00H。

（　　）29. 在进行二—十进制运算时，必须用到 DA A 指令。

（　　）30. 指令 MUL AB 执行前（A）＝43H，（B）＝05H，执行后（A）＝15H，（B）＝02H。

（　　）31. MCS－51 单片机的布尔处理器是以 A 为累加器进行位操作的。

项目3　机器人触觉系统的制作与调试

项目目标

知识目标：①熟悉单片机的位指令及其应用；②掌握中断及中断的应用。

能力目标：①具备电路制作的能力；②初步具备整机调试的能力。

素质目标：①培养学生团队协作精神；②培养学生的自学能力。

工作任务（载体）

任务1　机器人胡须安装与测试

任务2　查询法胡须触觉避障

任务3　中断法胡须触觉避障

任务4　学生实践

任务1　机器人胡须安装与测试

一、任务描述

（1）本任务主要介绍机器人触觉系统的胡须安装与测试。

（2）本任务用到的元器件：金属丝2根，平头M3×22盘头螺钉2个，13mm圆形立柱2个，M3尼龙垫圈2个，3－pin公—公接头2个，220Ω电阻4个，10kΩ电阻2个，发光LED 2个。

二、任务操作

步骤1　机器人触觉系统的胡须安装

编程让机器人通过触觉胡须导航之前，首先必须安装并测试胡须。图3－1所示是安装机器人触觉胡须所需的硬件元件清单，包括：

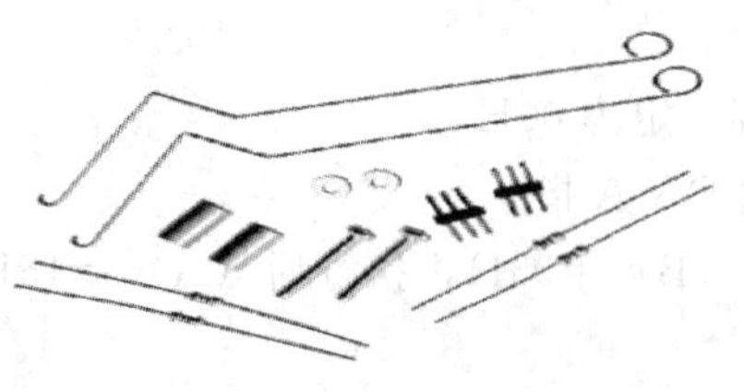

图3－1　胡须硬件图

（1）金属丝2根。

（2）平头M3×22盘头螺钉2个。

（3）13mm圆形立柱2个。

（4）M3尼龙垫圈2个。

（5）3－pin公—公接头2个。

（6）220Ω电阻2个。

(7) 10kΩ 电阻 2 个。

安装胡须：

(1) 拆掉连接主板到前支架的两颗螺钉。

(2) 参考图 3－2，螺钉依次穿过 M3 尼龙垫圈、13mm 圆形立柱。

(3) 螺钉穿过主板上的圆孔之后，拧进主板下面的支架中，但不要拧紧。

(4) 把须状金属丝的其中一个钩在尼龙垫圈之上，另一个钩在尼龙垫圈之下，调整它们的位置使它们横向交叉但又不接触。

(5) 拧紧螺钉到支架上。

(6) 参考接线图 3－3，搭建胡须电路。左、右边胡须状态信息输入分别是通过 P3.3 脚、P3.2 脚完成：当胡须触到障碍物，则对应引脚为低电平 0，否则为高电平 1。

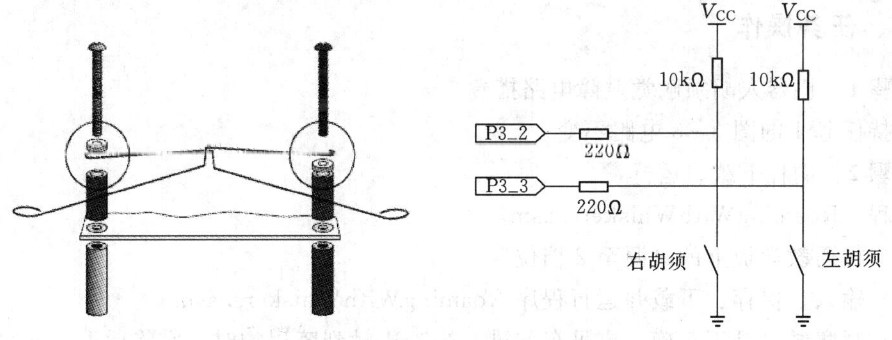

图 3－2　安装机器人胡须　　图 3－3　胡须电路示意图

(7) 确定两条胡须比较靠近，但又不接触面包板上的 3－pin 头。推荐保持 3mm 的距离。

步骤 2　机器人触觉系统的胡须测试

利用两个发光 LED 的亮灭来测试胡须是否触到障碍物，测试电路见图 3－4。当左胡须触到障碍物，LED1 亮，否则灯不亮；当右胡须触到障碍物，LED2 亮，否则灯不亮。

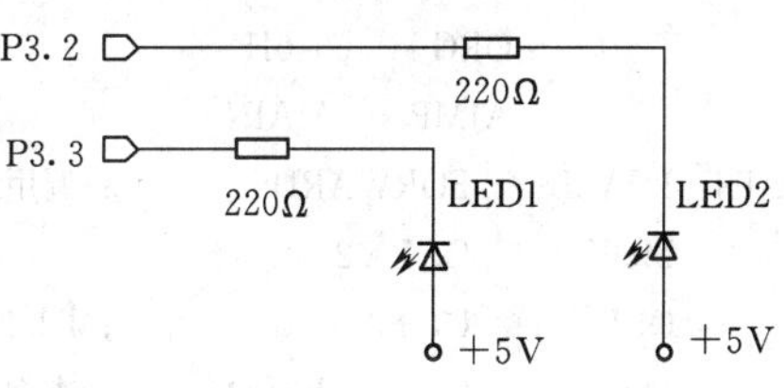

图 3－4　胡须测试电路

三、拓展训练

本任务中胡须测试可以利用发光 LED 的亮灭来检测，也可以通过串口调试软件在线显示 P3.3 脚、P3.2 脚的状态来检测。

任务 2　查询法胡须触觉避障

一、任务描述

本任务主要介绍如何查询胡须是否触到障碍物和胡须触到障碍物后如何避开障碍物。

二、知识点归纳与讲解

1. 位数据传送指令：MOV

MOV　C，bit；CY←（bit），位数据传送指令，结果影响 CY 标志

如例程中 MOV C，P3.2；CY←（P3.2）

2. 位或运算指令：ORL

ORL　C，bit；CY←（CY）∨（bit），位或运算指令

如例程中 ORL C，P3.3；CY←（CY）∨（P3.3）

3. 位条件跳转指令：JNC

JNC　rel；　若 CY≠1，则 PC←PC+1+rel，否则顺序执行

三、任务操作

步骤 1　机器人胡须触觉避障电路搭建

保持任务 1 的图 3-3 电路不变。

步骤 2　例程下载、运行

例程：RoamingWithWhiskers.asm

（1）接通教学板上的电源至 2 档位置。

（2）输入、保存、下载并运行程序 RoamingWithWhiskers.asm。

（3）观察结果是否正确：宝贝车前进，当一边触到障碍物时，它将后退，向另一个方向旋转 90°后继续前进；两边同时触到障碍物，则小车后退，再向左转 180°后继续前进。

```
            ORG     0000H
            AJMP    MAIN
MAIN：LCALL   FORWARD             ；调用 FORWARD 向前子程序
      MOV     C，P3.2
      ORL     C，P3.3             ；P3.2 与 P3.3 相或，若两边均触障，结果 CY=0，否则 CY=1
      JNC     C，LeftWh180        ；查询 CY=0，左右均触障，跳至 LeftWh180 后退再左转 180°
      JNB     P3.3，RightWhirl    ；查询 P3.3=0，左胡须触障，跳至 RightWhirl 后退再右转 90°
      JNB     P3.2，LeftWhirl     ；查询 P3.2=0，右胡须触障，跳至 LeftWhirl 后退再左转 90°
      AJMP    MAIN                ；查询均未触到障碍物则跳至 MAIN 继续前进

；**********左右胡须均触到障碍物*************
LeftWh180：MOV     R0，#100
   LOW0：LCALL   BACKWARD
         DJNZ    R0，LOW0；后退 2.5s
         MOV     R1，#64
   LOW1：LCALL   LEFTWARD
         DJNZ    R1，LOW1；左转 180°
         AJMP    MAIN

；**********左胡须触到障碍物*************
```

```
RightWhirl: MOV   R0, #100
    LOW2: LCALL   BACKWARD
          DJNZ    R0, LOW2 ; 后退 2.5s
          VMOV    R1, #32
    LOW3: LCALL   RIGHTWARD
          DJNZ    R1 , LOW3 ; 右转 90°
          AJMP    MAIN

; **********右胡须触到障碍物*************
LeftWhirl:  MOV   R0, #100
   LOW0:  LCALL BACKWARD
          DJNZ   R0 , LOW0 ; 后退 2.5s
          MOV R1, #32
   LOW1:  LCALL LEFTWARD
          DJNZ   R1 , LOW1 ; 左转 90°
          AJMP MAIN

; **********小车前进、后退、左转、右转子程序*************
; 请自行补上，参照项目 2 的任务 5 中例程：MoveWithSubprogram.asm。
   END             ; 程序结束
```

例程 RoamingWithWhiskers.asm 解读如下。

本例程是通过指令查询 P3.2、P3.3 引脚的高、低电平状态来识别左右胡须是否触到障碍物，具体程序流程如图 3-5 所示。

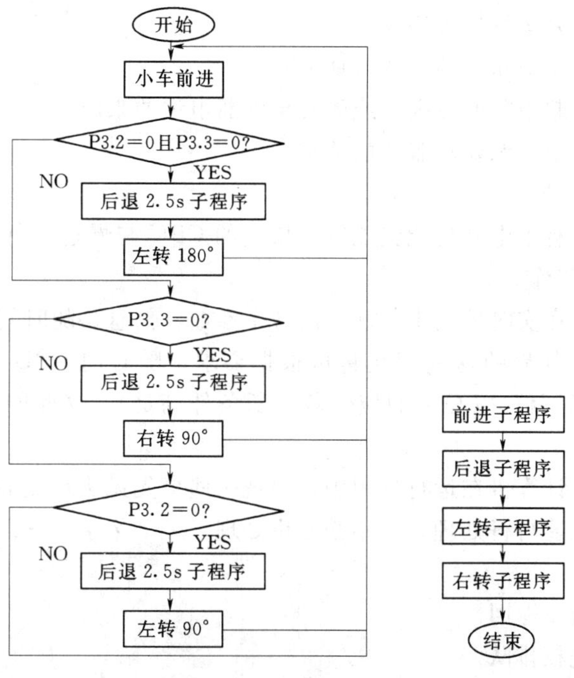

图 3-5　具体程序流程图

四、拓展训练

请根据个人爱好自行改变小车触到障碍物后的反应动作。

任务3　中断法胡须触觉避障

一、任务描述

本任务主要介绍如何应用外部中断系统完成胡须避障导航运动。

二、知识点归纳与讲解

当胡须碰到障碍物时，与胡须相连的接口就会被置低，我们不希望单片机时刻忙着查询胡须状态，那它又如何得知这个信息呢？假如，当单片机获得此信息的同时，它又在干别的工作，又该如何处理呢？中断系统将解决这个问题。

（一）中断介绍

在计算机与外部设备交换信息时，存在着高速的CPU和慢速的外设之间的矛盾。若采用软件查询的方式，则不但占用了CPU操作时间，而且响应速度慢。此外，对CPU外部随机或定时出现的紧急事件，也常常需要CPU能马上响应，为此引入了中断技术。

（1）中断：在执行主要程序过程中由于外界的原因而被更重要的事情打断，转去执行相应子处理程序，待处理结束后，再回到被中止的原程序继续执行，这种情况称为中断。

（2）中断服务子程序：中断之后所执行的处理程序。

（3）主程序：原来运行的程序。

（4）断点：主程序被断开的位置（地址）。

（5）中断源：引起中断的原因，或能发出中断申请的来源。

（6）中断请求：中断源要求服务的请求。

1. 中断技术的优点

（1）分时操作。有了中断功能就能解决快速的CPU与慢速的外设之间的矛盾，可以使CPU和外设同时工作。

（2）实时处理。在实时控制中，现场的各个参数、信息是随时间和现场情况不断变化的。有了中断功能，外界的这些变化量可根据要求，随时向CPU发出中断请求，要求CPU及时处理，CPU就可以马上响应（若中断条件满足）。这样的及时处理在查询方式下是做不到的。

（3）故障处理。计算机在运行过程中，出现一些事先无法预测的故障是难免的，有了中断功能，计算机就能自行处理，而不必停机处理。

2. 中断系统功能

（1）能实现中断及返回。

（2）能实现优先权排队。

（3）能实现中断嵌套。

3. 中断系统

51系列单片机的中断系统主要5个中断源，4个与中断有关的特殊功能寄存器：TCON、SCON、IE和IP，见图3-6。

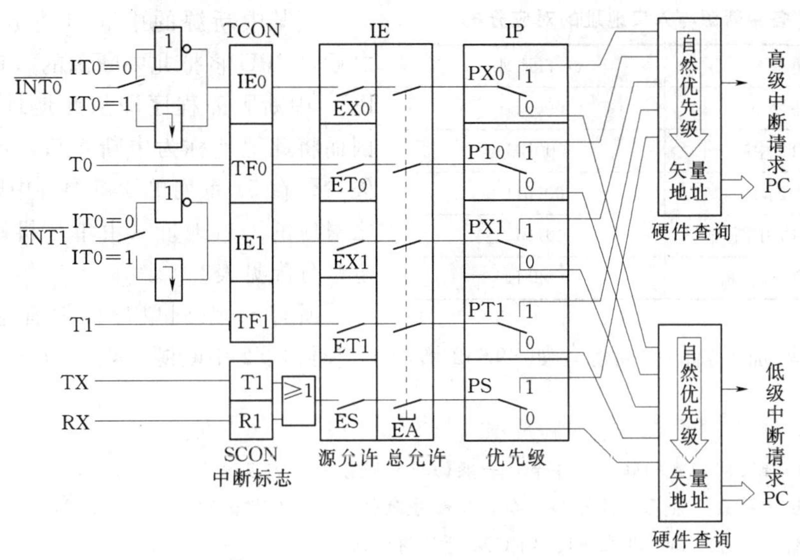

图3-6　51系列单片机的中断系统

(二) 中断源

51系列单片机的中断源通常有3类，即外部中断、定时器中断和串行口中断。

1. 外部中断类

外部中断是由外部原因引起的。

$\overline{INT0}$——外部中断0请求信号，由P3.2脚输入。通过IT0（TCON.0）来决定中断请求信号是低电平有效还是下降沿有效。

$\overline{INT1}$——外部中断1请求信号，由P3.3脚输入。通过IT1（TCON.2）来决定中断请求信号是低电平有效还是下降沿有效。

2. 定时中断类

定时中断是为满足定时或计数溢出处理的需要而设置的，当定时/计数器中的计数结构发生计数溢出时，即表明定时时间到或计数值已满，这时就以计数溢出信号作为中断请求去置位一个溢出标志，这种中断请求是单片机芯片内部发生的，无需在芯片上设置引入端，但在计数方式时，中断源可由外部引入计数脉冲。

TF0——定时器T0溢出中断请求。当定时器T0产出溢出时，T0中断请求标志TF0=1，请求中断处理。

TF1——定时器T1溢出中断请求。当定时器T1产出溢出时，T1中断请求标志TF1=1，请求中断处理。

3. 串行口中断类

串行口中断是为串行数据的传送设置的。串行中断请求也是在单片机芯片内部发生的，但当串行口作为接收端时，必须有一完整的串行数据从RXD（P3.0）端引入芯片，才可能引发中断。

RI或TI——串行接收（P3.0）或发送（P3.1）中断请求。当接收或发送完一串行帧数据时，使内部串行口中断请求标志RI或TI=1，并请求中断。

表3-1　各中断源与入口地址的对应分配

中断源	入口地址
外部中断0	0003H
定时器T0中断	000BH
外部中断1	0013H
定时器T1中断	001BH
串行口中断	0023H

当某中断源的中断申请被CPU响应之后，CPU将把此中断源的入口地址装入PC，中断服务程序即从此地址开始执行。因而将此地址称为中断入口，亦称为中断矢量。在51系列单片机中各中断源以及与之对应的入口地址（由单片机硬件电路决定）分配见表3-1。

所有51系列单片机都有这5个中断源，有些则增加了新的中断源，如89S52增加了定时器T2中断源，入口地址为002BH。

工程规范提示：

各入口地址之间，只相隔8个字节，一般的中断服务程序是容纳不下的，因此，常用的方法是在中断入口地址中存放一条无条件转移指令，使程序跳转到用户安排的中断服务程序起始地址上去。这样可使中断服务程序灵活安排在64KB ROM的任何空间。

4. P3口第二功能

P3口第二功能见表3-2。

表3-2　P3口各位第二功能

P3口的各位	第二功能	P3口的各位	第二功能
P3.0	RXD（串行口输入）	P3.4	T0（定时/计数器0的外部输入）
P3.1	TXD（串行口输出）	P3.5	T1（定时/计数器1的外部输入）
P3.2	$\overline{INT0}$（外部中断0输入）	P3.6	$\overline{WR}$（片外数据存储器写选通控制输出）
P3.3	$\overline{INT1}$（外部中断1输入）	P3.7	$\overline{RD}$（片外数据存储器读选通控制输出）

（三）中断请求标志

在中断请求被响应前，中断请求是由CPU锁存在特殊功能寄存器TCON和SCON的相应中断标志位的。中断系统控制图见图3-7。

1. TCON中的中断标志

TCON为定时器T0和T1的控制寄存器，同时也锁存T0和T1的溢出中断标志及外部中断$\overline{INT0}$和$\overline{INT1}$的中断标志等。与中断有关的位：

TCON	8FH		8DH		8BH	8AH	89H	88H
88H	TF1		TF0		IE1	IT1	IE0	IT0

（1）TF0（TF1）：T0（T1）溢出中断标志。T0（T1）被启动计数后，从初值开始

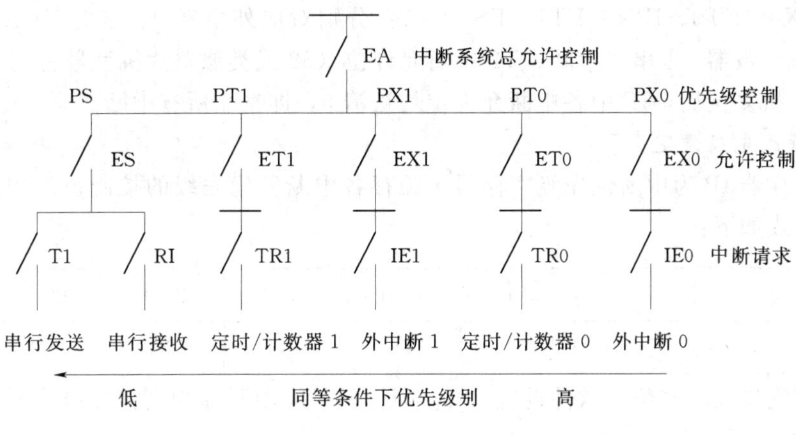

图 3-7 中断系统控制图

加 1 计数，直至计满溢出自动硬件使 TF0（TF1）=1，向 CPU 请求中断，此标志一直保持到 CPU 响应中断后，才由硬件自动清 0，也可用软件查询该标志，并由软件清 0。

（2）IE0（IE1）：外部中断 0（1）标志。IE0（IE1）=1，表明外部中断 0（1）向 CPU 申请中断。

（3）IT0（IT1）：外部中断 0（1）触发方式控制位。

当 IT0（IT1）=0，外部中断 1 为低电平触发方式。CPU 在每个机器周期的 S5P2 期间对 P3.2（P3.3）引脚采样，若采到低电平，则认为有中断申请，随即使 IE0（IE1）=1；若为高电平，认为无中断申请或中断申请已被撤除，随即清除 IE1 标志。低电平触发方式中，在中断返回前必须撤销 P3.2（P3.3）引脚上的低电平，否则将再次中断造成出错。

若 IT0（IT1）=1，外部中断 0（1）控制为下降沿触发方式。CPU 在每个机器周期的 S5P2 期间采样引脚，若在连续两个机器周期采样到先高电平后低电平，则使 IE0（IE1）=1，此标志一直保持到 CPU 响应中断时，才由硬件自动清除。在边沿触发方式中，为保证 CPU 在两个机器周期内检测到先高后低的负跳变，输入高低电平的持续时间起码要保持 12 个时钟周期。

串行口中断标志控制寄存器 SCON 以后再讲述。

2. 中断允许控制

51 单片机中，专用寄存器 IE 为中断允许寄存器，通过向 IE 写入中断控制字，控制 CPU 对中断的开放或屏蔽，以及是否允许每个中断源中断。其格式如下：

IE	AFH		ADH	ACH	ABH	AAH	A9H	A8H
A8H	EA		ET2	ES	ET1	EX1	ET0	EX0

各中断允许控制位：软件设置为 1，则开放对应中断源中断；若设置为 0，则对应中断源被禁止。

（1）EA：CPU 中断总允许位。当 EA=1，CPU 开放中断，每个中断源是被允许还是被禁止，分别由各自的允许位确定。当 EA=0，CPU 屏蔽所有的中断要求，称为关中断。

（2）EX0、ET0、EX1、ET1、ES、ET2：分别对应外中断 0、定时/计数器 0、外中断 1、定时/计数器 1、串口中断、T2 中断允许位（52 或类似单片机型号有）。

51 单片机复位后，IE 中各中断允许位均被清 0，即禁止所有中断。

3. 中断优先级设定

专用寄存器 IP 为中断优先级寄存器，锁存各中断源优先级的控制位，用户可由软件设定。其格式如下：

IP			BDH	BCH	BBH	BAH	B9H	B8H
B8H	—	—	PT2	PS	PT1	PX1	PT0	PX0

各中断优先级控制位：软件设置为 1，则设置对应中断源为高优先级中断；若设置为 0，则对应中断源为低优先级。

PX0、PT0、PX1、PT1、PS、PT2：分别对应外中断 0、T0、外中断 1、T1、串口中断、T2 中断。

当系统复位后，IP 全部清 0，将所有中断源设置为低优先级中断。

同一优先级别下，各中断源又遵循自然优先级，由硬件形成，排列见图 3-6。

例如，如果给 IP 控制字为 12H，则 PS 和 PT0 均为高优先级中断，但当这两个中断源同时发出中断申请时，CPU 将先响应自然优先级高的 PT0 的中断申请。

（四）中断处理过程

中断处理过程可分为 3 个阶段，即中断响应、中断处理和中断返回。所有计算机的中断处理都有这样 3 个阶段，但不同的计算机由于中断系统的硬件结构不完全相同，因而中断响应的方式有所不同，下面仅以 51 系列单片机为例来介绍。

1. 中断响应

中断响应是在满足 CPU 的中断响应条件之后，CPU 对中断源请求的回应，在这一阶段，CPU 要完成中断服务以前的所有准备工作。这些准备工作包括保护断点和把程序转向中断服务程序的入口地址（通常称为矢量地址）。

计算机在运行时，并不是任何时刻都会去响应中断请求，而是在中断响应条件满足之后才会响应。

CPU 的中断响应条件有：

（1）有中断源发出的中断申请。

（2）中断总允许位 EA=1，即 CPU 允许所有中断源申请中断。

（3）申请中断的中断源的中断允许位为 1，即此中断源可以向 CPU 申请中断。

如果有下列任何一种情况存在，则中断响应会受到阻断。

（1）CPU 正在执行一个同级或高一级的中断服务程序。

（2）当前正在执行的指令完成前，任何中断请求都得不到响应。

（3）正在执行的指令是返回（RETI）指令或对专用寄存器 IE、IP 进行读/写的指令，此时，在执行 RETI 或者读写 IE 或 IP 之后，不会马上响应中断请求，至少再执行一条其他指令，才会响应中断。

中断响应过程如下：

如果中断响应条件满足，且不存在中断阻断的情况，则CPU将响应中断。此时，中断系统通过硬件自动把断点地址压入栈中保护（但不保护状态寄存器PSW及其他寄存器内容），然后将对应的中断入口装入程序计数器PC使程序转向中断入口地址，开始执行中断服务程序。

2. 中断服务

中断服务，是指程序从入口地址开始执行，直到返回指令“RETI”为止的整个执行过程。如图3-8中的中断服务程序流程。

3. 中断返回

中断返回，是指中断服务完成后，CPU返回到断点位置，继续执行原来的主程序。中断返回由专门的中断返回指令RETI实现，该指令的功能是把断点地址取出，送到程序计数器PC中去。另外，它还通知中断系统已完成中断处理，将清除优先级状态触发器。

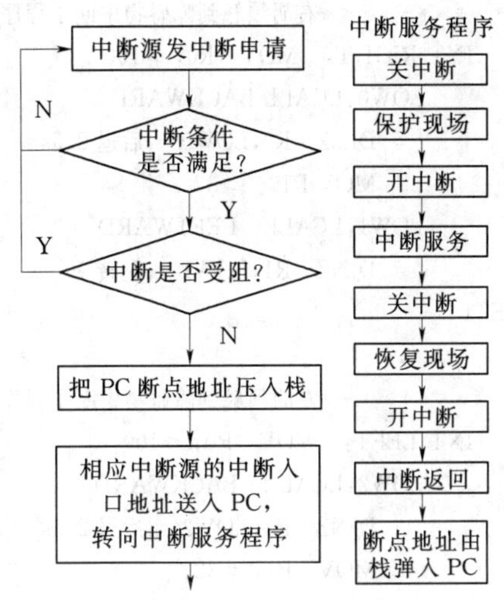

图3-8　中断处理过程流程图

三、任务操作

步骤1　机器人胡须触觉避障电路搭建

保持任务1的图3-3电路不变。

步骤2　例程下载、运行

例程：IntWithWhiskers. asm

（1）接通教学板上的电源至2档位置。

（2）输入、保存、下载并运行程序IntWithWhiskers. asm。

（3）观察结果是否正确：宝贝车前进，当一边触到障碍物时，它将后退，向另一个方向旋转90°后继续前进。

```
    ORG     0000H
    LJMP    MAIN
    ORG     0003H              ;外部中断0中断入口,右胡须,P3.2,优先级比左胡须高
    LJMP    INT_RIGHT
    ORG     0013H              ;外部中断1中断入口,左胡须,P3.3
    LJMP    INT_LEFT
MAIN: SETB  EA                 ;开总中断
      SETB  EX0                ;开外部中断0
      SETB  EX1                ;开外部中断1
      CLR   IT0                ;电平触发方式
      CLR   IT1
FOR: LCALL  FORWARD
     SJMP   FOR
```

```
;**********右胡须触到障碍物中断子程序*************
    INT_RIGHT:  MOV   R0, #100
        LOW0:LCALL BACKWARD
            DJNZ  R0,LOW0  ;后退 2.5s
            MOV R1,  #32
        LOW1:LCALL  LEFTWARD
            DJNZ  R1,LOW1  ;左转 90°
RETI

;**********左胡须触到障碍物中断子程序*************
    INT_LEFT:  MOV   R0, #100
        LOW2:LCALL  BACKWARD
            DJNZ  R0,LOW2  ;后退 2.5s
            MOV  R1, #32
        LOW3:LCALL  RIGHTWARD
            DJNZ  R1  ,LOW3  ;右转 90°
RETI

;**********小车前进、后退、左转、右转子程序*************
;请自行补上,参照项目 2 的任务 5 中例程:MoveWithSubprogram.asm。
    END        ;程序结束
```

例程 IntWithWhiskers.asm 解读如下。

本例程是通过指令查询 P3.2、P3.3 引脚的高、低电平状态来识别左右胡须是否触到障碍物，具体程序流程如图 3-9 所示。

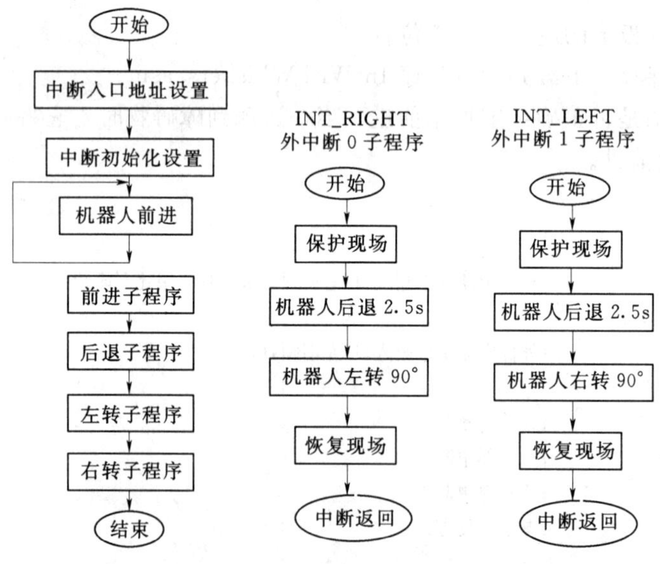

图 3-9 程序流程图

当程序开始执行时，开放了相关的中断，并设置了外部中断 0 和 1 的中断触发方式。

```
SETB    EA      ;开总中断
SETB    EX0     ;开外部中断 0
SETB    EX1     ;开外部中断 1
LR      IT0     ;电平触发方式
CLR     IT1
```

然后程序就不停地执行 FORWARD 子程序，让机器人不停地向前进，直到有胡须碰到障碍物。

机器人的运动线路是不停地向前行走，若左胡须碰到障碍物，后退右拐后再前进；若右胡须碰到障碍物后，后退左拐后再前进。

如果两个胡须同时碰到障碍物，机器人该怎么行走呢？由于外部中断 0 的中断优先级高于外部中断 1，所以单片机会优先响应外部中断 0 的中断，即响应右胡须，所以若两个胡须同时碰到障碍物，机器人先后退再左拐前进。

四、拓展训练

如何运用中断系统的定时中断进行定时？

任务 4　学　生　实　践

学生动手，在面包板或是焊接板上实现前面任务中的电路，并按照基本流程操作，最终整机调试成功。

项　目　习　题

一、选择题

1. 8051 单片机的机器周期为 2μs，则其晶振频率 f_{osc} 为________ MHz。

A. 1　　B. 2　　C. 6　　D. 12

2. 使 8051 的定时器 T0 停止计数的指令是________。

A. CLR TR0　　B. CLR TR1　　C. SETB TR0　　D. SETB TR1

3. 8031 的定时器 T0 作计数方式，用模式 1（16 位计数器）则应用指令________初始化编程。

A. MOV TMOD，＃01H　　B. MOV TMOD，10H

C. MOV TMOD，＃05H　　D. MOV TCON，＃05H

4. MCS－51 单片机在同一级别里除 INT0 外，级别最高的中断源是________。

A. 外部中断 1　　B. 定时器 T0　　C. 定时器 T1　　D. 外部中断 0

5. 当外部中断 0 发出中断请求后，中断响应的条件是________。

A. SETB ET0　　B. SETB EX0

C. MOV IE，＃81H　　D. MOV IE，＃61H

6. 用 8051 的定时器 T0 作定时方式，用模式 2，则工作方式控制字为________。

A. 01H　　B. 02H　　C. 04H　　D. 05H

7. 用 8051 的定时器 T0 定时，用模式 2，则应________。

A. 启动 T0 前向 TH0 置入计数初值，TL0 置 0，以后每次重新计数前要重新置入计数初值

B. 启动 T0 前向 TH0、TL0 置入计数初值，以后每次重新计数前要重新置入计数初值

C. 启动 T0 前向 TH0、TL0 置入计数初值，以后不再置入

D. 启动 T0 前向 TH0、TL0 置入相同的计数初值，以后不再置入

8. 外部中断 0 $\overline{\text{INT0}}$的入口地址是________。

A. 0003H　　B. 000BH　　C. 0013H　　D. 001BH

9. MCS－51 单片机 CPU 开中断的指令是 ________。

A. SETB EA　　B. SETB ES　　C. CLR EA　　D. SETB EX0

10. MCS－51 单片机外部中断 0 开中断的指令是 ________。

A. SETB ETO　　B. SETB EXO　　C. CLR ETO　　D. SETB ET1

11. MCS－51 单片机的两个定时器作定时器使用时 TMOD 的 D6 或 D2 应分别为________。

A. D6＝0，D2＝0　　B. D6＝1，D2＝0　　C. D6＝0，D2＝1　　D. D6＝1，D2＝1

12. MCS－51 单片机的 TMOD 模式控制寄存器是一个专用寄存器，用于控制 T1 和 T0 的操作模式及工作方式，其中 C/$\overline{\text{T}}$表示的是________。

A. 门控位　　B. 操作模式控制位　　C. 功能选择位　　D. 启动位

13. MCS－51 单片机定时器 T1 的溢出标志 TF1，若计满数产生溢出时，如不用中断方式而用查询方式，则应________。

A. 由硬件清零　　B. 由软件清零　　C. 由软件置于　　D. 可不处理

14. MCS－51 单片机定时器 T0 的溢出标志 TF0，若计满数产生溢出时，其值为________。

A. 00H　　B. FFH　　C. 1　　D. 计数值

15. MCS－51 单片机定时器 T0 的溢出标志 TF0，若计满数在 CPU 响应中断后________。

A. 由硬件清零　　B. 由软件清零　　C. A 和 B 都可以　　D. 随机状态

16. 8051 单片机计数初值的计算中，若设最大计数值为 M，对于模式 1 下的 M 值为________。

A. $M=2^{13}=8192$　　B. $M=2^{8}=256$　　C. $M=2^{4}=16$　　D. $M=2^{16}=65536$

17. 8051 响应中断后，中断的一般处理过程是________。

A. 关中断，保护现场，开中断，中断服务，关中断，恢复现场，开中断，中断返回

B. 关中断，保护现场，保护断点，开中断，中断服务，恢复现场，中断返回

C. 关中断，保护现场，保护中断，中断服务，恢复断点，开中断，中断返回

D. 关中断，保护断点，保护现场，中断服务，关中断，恢复现场，开中断，中断

返回

18. 8051 单片机共有 5 个中断入口，在同一级别里，5 个中断源同时发出中断请求时，程序计数器 PC 的内容变为________。

A. 000BH　　B. 0003H　　C. 0013H　　D. 001BH

19. 执行中断处理程序最后一句指令 RETI 后，________。

A. 程序返回到 ACALL 的下一句　　B. 程序返回到 LCALL 的下一句

C. 程序返回到主程序开始处　　D. 程序返回到响应中断时一句的下一句

20. MCS-51 的串行口工作方式中适合多机通信的是________。

A. 方式 0　　B. 方式 3　　C. 方式 1　　D. 方式 2

21. 当 TCON 的 IT0 为 1，且 CPU 响应外部中断 0，$\overline{\text{INT0}}$的中断请求后，________。

A. 需用软件将 IE0 清 0　　B. 需用软件将 IE0 置 1

C. 硬件自动将 IE0 清 0　　D. $\overline{\text{INT0}}$为高电平时自动将 IE0 清 0

22. 外部中断源$\overline{\text{INT1}}$（外部中断）的向量地址为________。

A. 0003H　　B. 000BH　　C. 0013H　　D. 002BH

23. 8051 单片机共有________中断源。

A. 4　　B. 5　　C. 6　　D. 7

24. 对定时器控制寄存器 TCON 中的 IT1 和 IT0 位清 0 后，则外部中断请求信号方式为________。

A. 低电平的效　　B. 高电平有效

C. 脉冲上跳沿有效　　D. 脉冲后沿负跳有效

25. 单片机中 PUSH 和 POP 指令通常用来________。

A. 保护断点　　B. 保护现场

C. 保护现场恢复现场　　D. 保护断点恢复断点

二、简答题

1. 什么是中断？单片机中断系统有哪些中断源、各自的入口地址是多少？

2. 简述中断响应的条件及过程。

项目4　机器人LED数码管显示系统的制作

项目目标

知识目标：①了解IR发射、探测器和NPN型三极管引脚方向和极性识别；②熟悉LED数码管及应用；③熟悉软件设计的方法及步骤。

能力目标：①具备电路制作的能力；②具备机器人软件设计的能力；③具备整机调试的能力。

素质目标：①培养学生具有良好的职业道德和敬业精神；②培养学生的计划组织能力。

工作任务（载体）

任务1　搭建并测试IR发射和探测器

任务2　用LED数码管显示道路状况

任务3　学生实践

任务1　搭建并测试IR发射和探测器

一、任务描述

本任务利用单片机P3.6端口向红外线发射器件输出频率为38.5 kHz的方波信号，由红外线探测器件检测被物体反射回的红外光线。当没有检测到反射回的红外光线时，探测器输出高电平；否则当探测器探测到被物体反射回的38.5 kHz红外信号时，它输出低电平。探测器输出的高/低电平状态送单片机P3.5端口，可通过万用表或示波器检测到。

二、知识点归纳与讲解

1. IR发射和探测器对引脚方向和正负极识别

IR发射器件正负极识别方法：长引脚为正极，短引脚为负极，见图4-1。

IR接收器件引脚识别方法：1脚接正电源，2脚接负电源，3脚为输出脚，见图4-2。

2. NPN型三极管9013引脚方向和极性识别

三极管9013引脚方向和极性识别方法：1脚为发射极（e），2脚为基极（b），3脚为

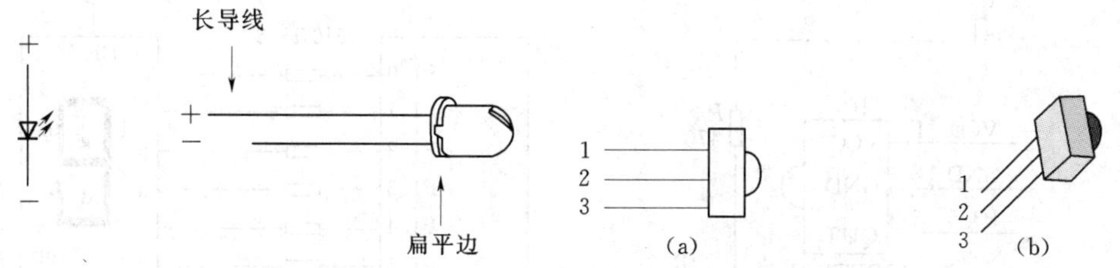

图 4－1　红外线发射器件原理图符号和实物图

图 4－2　红外线接收器件原理图符号和实物图
(a) 符号；(b) 实物

集电极（c），见图 4－3。

这里为何要使用三极管 9013？

因为 80C51 的 I/O 脚驱动能力较弱，这里通过三极管提高对 IR 发射器件的驱动能力，三极管工作在开关状态。三极管也是一种控制元件，可以用来控制电流大小，简单地说，是用小电流去控制大电流。

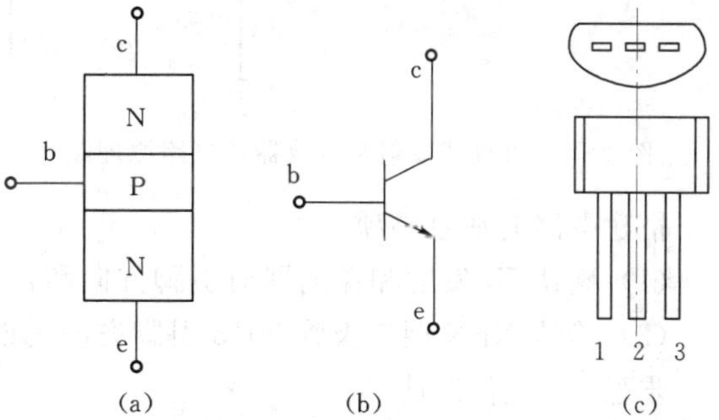

图 4－3　NPN 型三极管 9013 原理图符号和实物图

三、任务操作

步骤 1　搭建 IR 发射和探测器对

机器人可以使用红外线发射和探测器件探测道路上的障碍物，并用 LED 数码管显示道路状况。方法是使用红外光来照射机器人前进的路线，然后确定何时有红外光线从被探测目标反射回来，通过检测反射回来的红外光就可以确定前方是否有障碍物，如图 4－4 所示。

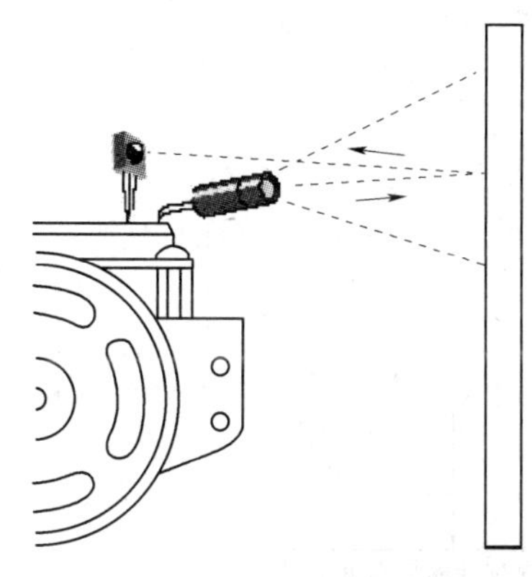

图 4－4　用红外光探测障碍物

红外线（IR）检测器内有一个电子滤波器，它只允许大约 38.5 kHz 的红外信号通过。换句话说，检测器只寻找每秒闪烁 38500 次的红外光，它几乎不允许其他频率的光通过，因此，要求红外线发射器件一般只发射 38.5 kHz 的红外信号。

单片机输出一个简短的 38.5 kHz 方波信号，驱动红外线发射二极管发射 38.5 kHz 红外线，然后红外线探测器件检测障碍物反射回来的红外光。当没有检测到反射回的红外光线时，探测器输出高电平；否则当探测器探测到被障碍物反射回的 38.5 kHz 红外信号时，它输出低电平。探测器输出的高低电平状态由单片机通过 I/O 脚检测。

断开主控板和电机伺服系统的电源，按照图 4－5 所示电路，在智能机器人教学板的面包板上搭建起实际电路。实际搭建好的电路参考图 4－6。

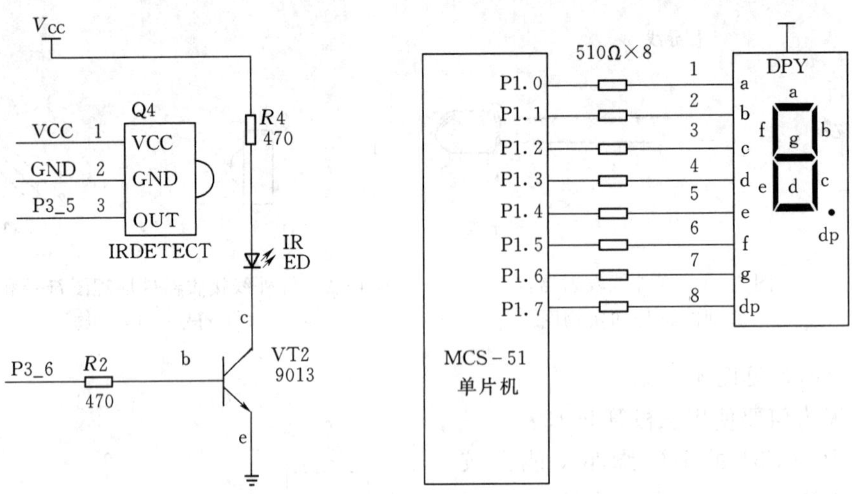

图 4-5　红外线发射和接收器件电路原理图　　　　图 4-6　LED 数码管电路原理图

搭建电路时注意事项：

(1) 确认 IR 发射和探测器对引脚方向和正负极无误。

(2) 确认 NPN 型三极管 9013 引脚方向无误。

步骤 2　软件设计

根据任务要求、硬件电路图、IR 发射器件和探测器件工作原理，程序设计思想如图 4-7 所示。

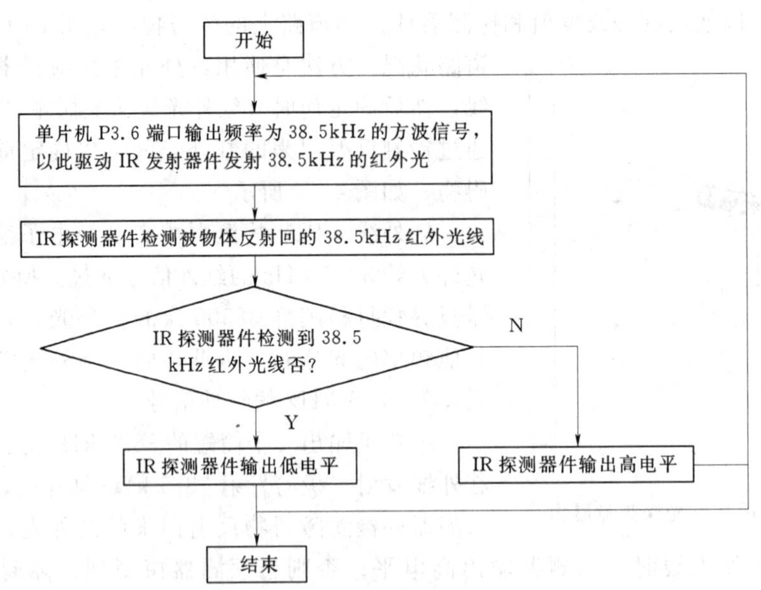

图 4-7　任务 1 程序设计思想

P3.6 端口输出频率为 38.5kHz 的方波信号，即 P3.6 端口输出的高电平和低电平交替持续 13μs，总周期为 26μs。根据任务要求、硬件电路图和程序设计思想，画出程序流程图如图 4-8 所示。

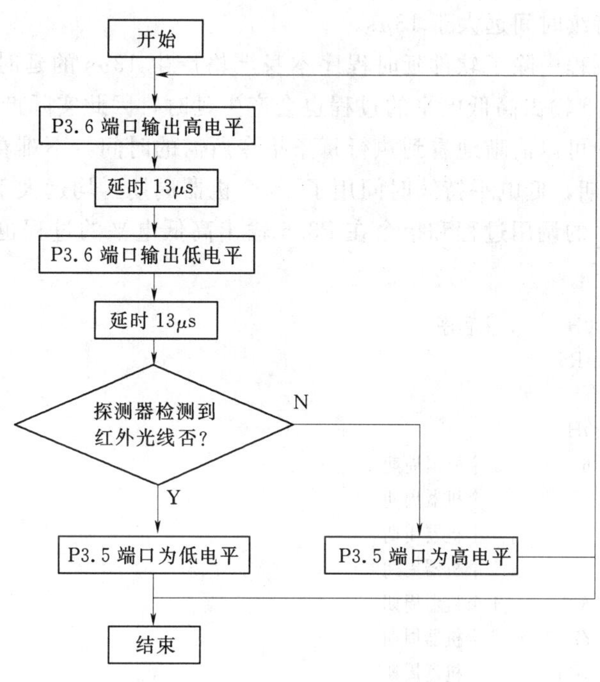

图 4-8　任务 1 程序流程图

要延时 13μs，可以有多种方法，这里采用最简单的软件延时方法。由于单片机晶振工作频率为 11.0592MHz，要延时 13μs，软件延时程序需要用时 12 个机器周期。根据任务 1 流程图写出程序，如下：

```
        ORG     0000H   ；主程序
        SJMP    START

        ORG     0030H
START：SETB    P3.6    ；1个机器周期
        LCALL   DLY12   ；2个机器周期
        CLR     P3.6    ；1个机器周期
        LCALL   DLY12   ；2个机器周期
        AJMP    START   ；2个机器周期

        ORG     1000H   ；软件延时程序（延时12个机器周期）
DLY12：MOV     R3，#4  ；1个机器周期
        DJNZ    R3，$   ；2个机器周期
        NOP             ；1个机器周期
        RET             ；2个机器周期
        END
```

软件延时程序延时的不精确性。运行程序后如果用数字存储示波器测量 P3.6 产生的方波信号频率，会发现并不是严格的 38.5kHz，而是比 38.5kHz 要低，实测为 28.9kHz。而且还会发现方波信号高低电平持续时间不一样，高电平持续 16.2μs，低电平持续

18.4μs，高低电平持续时间远大于 13μs。

这是因为上面例程中除了软件延时程序本身严格产生 13μs 的延时外，延时程序的调用过程和指令在 P3.6 输出高低电平的过程也会产生延时，因此实际产生的延时会比 13μs 更长。从上面例程中可以清晰地看到执行每条指令所需的时间，不难看出，高电平持续时间用了 17 个机器周期，低电平持续时间用了 15 个机器周期，均远大于 12 个机器周期。

考虑到延时程序的调用过程和指令在 P3.6 输出高低电平的过程也会产生延时，对上面例程进行修改如下：

```
        ORG     0000H      ；主程序
        SJMP    START

        ORG     0030H
START：  SETB    P3.6       ；1个机器周期
        LCALL   DLY7       ；2个机器周期
        NOP                ；1个机器周期
        NOP                ；1个机器周期
        CLR     P3.6       ；1个机器周期
        LCALL   DLY7       ；2个机器周期
        AJMP    START      ；2个机器周期

        ORG     1000H      ；延时程序（延时7个机器周期）
DLY7：   MOV     R1，#1      ；1个机器周期
        DJNZ    R1，$       ；2个机器周期
        NOP                ；1个机器周期
        NOP                ；1个机器周期
        RET                ；2个机器周期
        END
```

运行以上修改后的程序，如果用数字存储示波器再次测量 P3.6 产生的方波信号，会发现方波信号高低电平持续时间完全一样，都是 13μs，实测频率为 38.4kHz。

步骤 3 测试 P3.5 端口电平

将以上修改后的程序写入单片机，通电运行程序，用万用表或示波器检测 P3.5 端口电平信号，会发现：当红外线发射器件检测到前面的障碍物时，P3.5 端口为低电平；否则，P3.5 端口为高电平。

四、拓展训练

能否将 IR 发射和探测器用于其他日常生活中的电子产品？

任务 2 用 LED 数码管显示道路状况

一、任务描述

本任务在任务 1 的基础上利用单片机 P3.6 端口向红外线发射器件输出频率为 38.5

kHz 的方波信号，由红外线探测器件检测被物体反射回的红外光线。当没有检测到反射回的红外光线时，即没有障碍物时，LED 数码管显示数字“0”；否则当探测器探测到障碍物时，LED 数码管显示数字“1”。由单片机 P3.5 端口检测探测器的输出电平状态，通过 P1 口控制数码管显示。LED 数码管显示情况见图 4-9（a）和 图 4-9（b）。

（a）　　　　　　　　　　（b）

图 4-9　数码管显示

（a）无障碍物时数码管显示数字“0”；（b）有障碍物时数码管显示数字“1”

二、知识点归纳与讲解

（一）LED 数码管引脚方向识别

LED 数码管显示器是由发光二极管作为显示字段的数码显示器件，图 4-10（c）为一位 LED 显示器的外形和引脚图，其中七只发光二极管（a～g 七个字段）构成字形“8”，另外还有一只发光二极管 dp 作为小数点。当显示器的某一段发光二极管通电时，该段发光。例如，使 b、c、f、g 这 4 段发光二极管通电，则显示字符“4”。LED 数码管共 10 个引脚，第 1 引脚至第 10 引脚按逆时针方向依次排列，其中第 3 引脚和第 8 引脚相连为公共极，其他 8 个引脚分别与八个字段（a～g 和 dp）相连。

数码管又分为共阴极和共阳极两种结构，分别如图 4-10（a）和图 4-10（b）所示。

（二）LED 数码管共阴极和共阳极识别方法

共阴极数码管的 8 个发光二极管的阴极（二极管负端）连接在一起。通常，公共阴极（第 3 引脚和第 8 引脚）接低电平（一般接地），其他管脚接段驱动电路输出端。当某段驱动电路的输出端为高电平时，则该端所连接的字段导通并点亮，根据发光字段的不同组合可显示出数字 0～9、字符 A～F、H、L、P、R、U、Y、符号“-”及小数点“.”。此时，要求段驱动电路能提供额定的段导通电流（一般为 5～20 mA），还需根据外接电源及额定段导通电流来确定相应的限流电阻。

共阳极数码管的 8 个发光二极管的阳极（二极管正端）连接在一起。通常，公共阳极

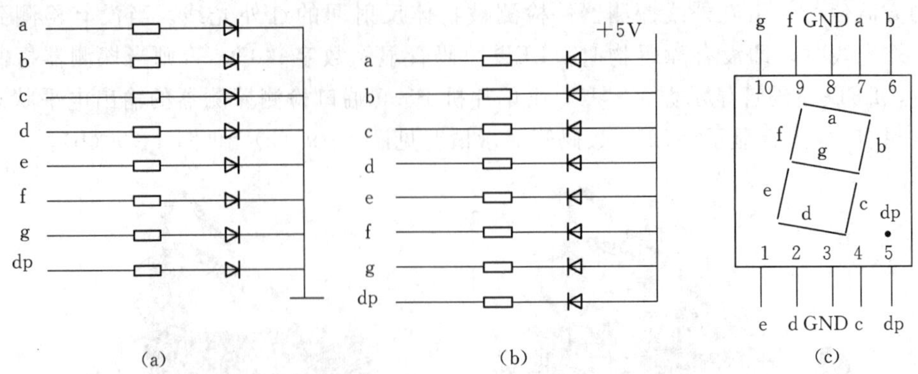

图 4-10 数码管

(a) 数码管共阴极接法；(b) 数码管共阳极接法；(c) 数码管管脚图

（第 3 引脚和第 8 引脚）接高电平（一般接电源），其他管脚接段驱动电路输出端。当某段驱动电路的输出端为低电平时，则该端所连接的字段导通并点亮。

共阴共阳的判断：可以假设它是共阴的，将公共阴极接地，那么其他任一引脚串入一个几百欧姆电阻到 5V，相应段就会被点亮；否则为共阳的数码管。

（三）应用电路与数码管字形编码

采用共阴极数码管与单片机 P1 口直接连接。数码管公共阴极接地，其他管脚分别接 P1 口的 8 个端口，限流电阻为 510Ω。

要使数码管显示出相应的数字或字符，必须使段数据口输出相应的字形编码。8 个字段中有 7 段构成字形字符，1 段构成小数点，因此提供给 LED 显示器的显示段码为 1 个字节（含 8 位）。字形码各位定义为：P1 口数据位 D0（P1.0 口）与 a 字段对应，数据位 D1（P1.1 口）与 b 字段对应……依此类推。

各段码位的对应关系见表 4-1。

表 4-1　　各段码位的对应关系

段码位	D7	D6	D5	D4	D3	D2	D1	D0
显示段	dp	g	f	e	d	c	b	a

共阴极数码管，P1 口数据位数据为 1 表示对应字段亮，数据为 0 表示对应字段暗。若要显示“0”，共阴极数码管的字型编码应为：00111111B（即 3FH）；共阳极数码管的字型编码应为：11000000B（即 C0H）。依此类推，可求得数码管字形编码如表 4-2 所示。

（四）单片机控制 LED 数码管显示

LED 显示器有两种方式：LED 静态显示方式 、LED 动态显示方式

1. 静态显示方式

所有 LED 的位选均共同连接到＋VCC 或 GND，每个 LED 的 8 根段选线分别连接一个 8 位并行 I/O 口，从该 I/O 口送出相应的字形码显示字形。其电路连接如图 4-11 所示。

表 4-2 数码管字形编码表

字形	共阳极段码	共阴极段码	字形	共阳极段码	共阴极段码
0	C0H	3FH	9	90H	6FH
1	F9H	06H	A	88H	77H
2	A4H	5BM	B	83H	7CH
3	B0H	4FH	C	C6H	39H
4	99H	66H	D	A1H	5EH
5	92H	6DH	E	86H	79H
6	82H	7DH	F	84H	71H
7	F8H	07H	空白	FFH	00H
8	80H	7FH	P	8CH	73H

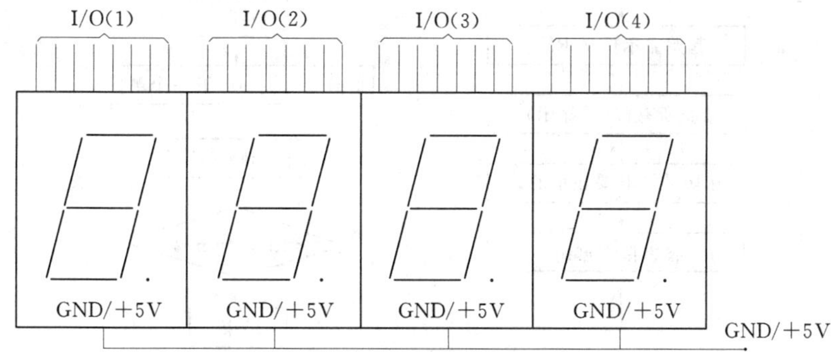

图 4-11 LED 静态显示方式电路连接图

特点是原理简单，显示亮度强，无闪烁；占用 I/O 资源较多。

2. 动态显示方式

所有 LED 的段选线共同连接在一起共用一个 8 位 I/O 口，而每个 LED 的位选分别由一根相应的 I/O 口线控制。因此必须采用动态扫描显示方式，每一个时刻只选通其中一个 LED，同时在段选口送出该位 LED 的字形码。其电路连接如图 4-12 所示。

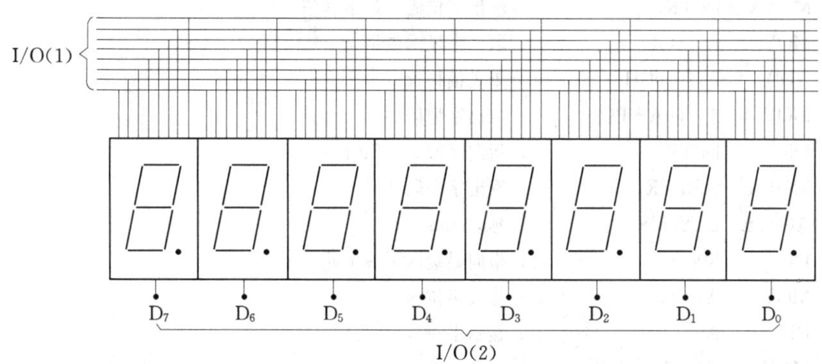

图 4-12 LED 动态显示方式电路连接图

电路的接法决定了必须采用逐位扫描显示方式。

即从段选口送出某位 LED 的字型码，然后选通该位 LED，并保持一段延时时间。然后选通下一位，直到所有位扫描完。

要注意的两个问题：

（1）字型码通常通过查表指令 MOVC 来求得。

（2）换位显示时通常要加一段程序使所有的 LED 全灭。

动态显示程序流程图见图 4－13。

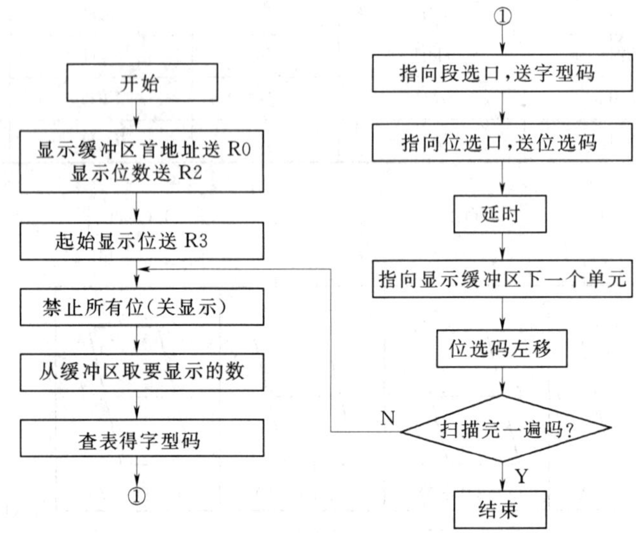

图 4－13　动态显示程序流程图

显示参考程序：

```
DIS:    MOV     R0，#7AH        ；指向显示缓冲区起始单元
        MOV     R3，#01H        ；字位码初值→R3
        MOV     A，R3           ；取字位码
DLP:    MOV     DPTR，#PAAR；指向字位口（PA 口）
        MOVX @DPTR，A           ；输出字位码，显示其中 1 位
        MOV     A，@R0          ；取一个显示数据
        ADD     A，#0CH         ；查表偏移量
        MOVC    A，@A+PC        ；取出字型码
        INC     DPTR            ；指向字段口（PB 口）
        MOVX    @DPTR，A        ；输出字型码
        ACALL   DLY1MS          ；延时 1ms
        INC     R0              ；指向显缓区下一单元
        MOV     A，R3           ；修改字位码
        RL      A               ；显示下一位
        MOV     R3，A
        JNB     ACC.6，DLP      ；未显示到最右边 LED，继续显示
        RET                     ；全部扫描一遍，结束
```

```
DTAB: DB  0C0H, 0F9H, 0A4H ; 字形表
          DB  0B0H, 99H,
DLY1MS: ………            ; 延时 1ms 子程序
```

三、任务操作

步骤 1 搭建 LED 数码管显示电路

断开主控板和电机伺服系统的电源，按照图 4-6 所示电路，在智能机器人教学板的面包板上搭建起实际电路。实际搭建好的电路参考图 4-9。

搭建电路时注意事项：确认 LED 数码管为共阴极数码管且数码管引脚方向无误。

步骤 2 软件设计

根据任务要求、硬件电路图、数码管和红外对管工作原理，程序流程如图 4-14 所示。

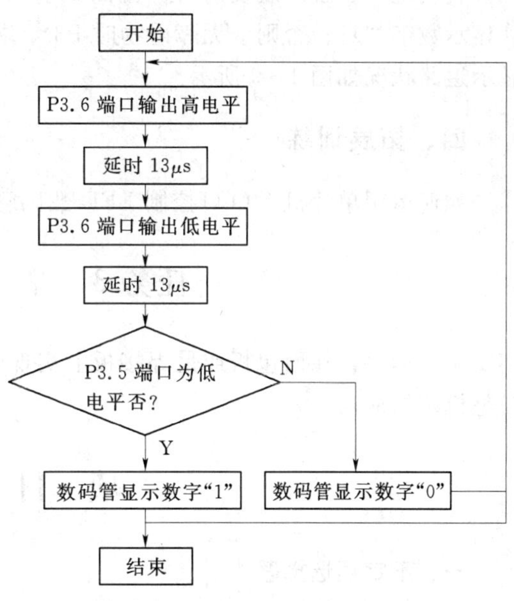

图 4-14 任务 2 程序流程图

对照图 4-6 和数码管字形编码表，当数码管显示数字"0"时，应给 P1 口送字型编码 3FH；当数码管显示数字"1"时，应给 P1 口送字型编码 06H。根据图 4-14 任务 2 程序流程图写出程序，如下：

```
        ORG     0000H          ; 检测到障碍物时显示"1"，否则显示"0"
        SJMP    START

        ORG     0030H
START : SETB    P3.6           ; P3.6 输出高电平
        LCALL   DLY3           ;
        LCALL   DLY3           ;
        NOP     ;
        CLR     P3.6           ; P3.6 输出低电平
        LCALL   DLY3us ;
        JB      P3.5, DISP_0   ; 检查 P3.5 端口电平状态
        MOV     P1, #06H       ; 给 P1 口送字型编码 06H (显示"1")
        AJMP    START          ;
DISP_0: MOV     P1, #3FH       ; 给 P1 口送字型编码 3FH (显示"0")
        AJMP    START          ;

        ORG     200H           ; 延时程序 (延时 3 个机器周期)
        DLY3:   NOP            ; 1 个机器周期
        RET                    ; 2 个机器周期
        END
```

以上程序考虑到了软件延时的不精确性，严格产生 13μs 的延时时间，实测 P3.6 产生的方波信号频率为 38.4kHz，此频率能很好地满足红外线对管的工作需要。

步骤 3 程序功能测试

将以上程序写入单片机，通电运行程序，用万用表或示波器检测 P3.5 端口电平信号，会发现：当红外线发射器件检测到前面的障碍物时，P3.5 端口为低电平，此时数码管显示数字“1”；否则，无障碍物时 P3.5 端口为高电平，数码管显示数字“0”。数码管显示道路状况如图 4-9 所示。

四、拓展训练

如何运用单片机 I/O 口控制 LED 数码管动态显示？

任务 3 学 生 实 践

学生动手，在面包板或是焊接板上实现前面任务中的电路，并按照基本流程操作，最终整机调试成功。

项 目 习 题

一、不定项选择题

1. 共阳极 LED 数码管加反相器驱动时显示字符“6”的段码是________。

A. 06H　　B. 7DH　　C. 82H　　D. FAH

2. 共阴极 LED 数码管显示字符“2”的段码是________。

A. 02H　　B. FEH　　C. 5BH　　D. A4H

3. LED 数码管显示若用动态显示，须 ________。

A. 将各位数码管的位选线并联　　B. 将各位数码管的段选线并联

C. 将位选线用一个 8 位输出口控制　　D. 将段选线用一个 8 位输出口控制

E. 输出口加驱动电路

4. 一个 8031 单片机应用系统用 LED 数码管显示字符“8”的段码是 80H，可以断定该显示系统用的是 ________。

A. 不加反相驱动的共阴极数码管　　B. 加反相驱动的共阴极数码管

C. 不加反相驱动的共阳极数码管　　D. 加反相驱动的共阳极数码管

E. 阴、阳极均加反相驱动的共阳极数码管

二、设计一个秒表，从 0 开始计时至秒表计时停止使用 LED 数码管显示计时的秒，时间不超过 1min

项目 5　机器人串行通信系统的制作

项目目标

知识目标： ①了解什么是串口通信；②熟悉串口通信在单片机控制中的使用特点；③掌握串口通信协议。

能力目标： ①具备使用串口通信基本设备的能力；②具备应用单片机进行串口通信的能力；③具备整机调试的能力。

素质目标： ①培养学生具有良好的职业道德和敬业精神；②培养学生的自学能力，团队协作精神；③培养学生的计划组织能力。

工作任务（载体）

任务 1　利用串口调试软件向计算机串口发送、接收数据

任务 2　机器人通过串口发送、接收数据

任务 3　一机器人向另一机器人发送命令

任务 4　学生实践

任务 1　利用串口调试软件向计算机串口发送、接收数据

一、任务描述

认识计算机和机器人的串口及各种串口线，利用串口调试软件向计算机串口发送数据、并通过串口接收数据。

二、知识点归纳与讲解

（一）串行数据通信和并行数据通信、串行口和并行口

计算机的 CPU 与外部设备之间常常要进行信息交换，一台计算机与外界的信息交换称为数据通信。数据通信方式有两种，即并行数据通信和串行数据通信，相应的接口称为串行口和并行口。并行数据通信中，数据的各位同时传送，其优点是传递速度快；缺点是数据有多少位，就需要多少根传送线。串行通信中，数据字节一位一位串行地顺序传送，它的优点是只需一对传送线，这样大大降低了传送成本，特别适用于远距离通信，其缺点是传送速度较低。在应用时，可根据数据通信的距离决定采用哪种通信方式。80C51 单片机与计算机一样具有并行和串行两种基本数据通信方式。图 5－1（a）所示为 80C51 单片

机与外设间 8 位数据并行通信的连接方法，图 5-1（b）所示为串行数据通信方式的连接方法。

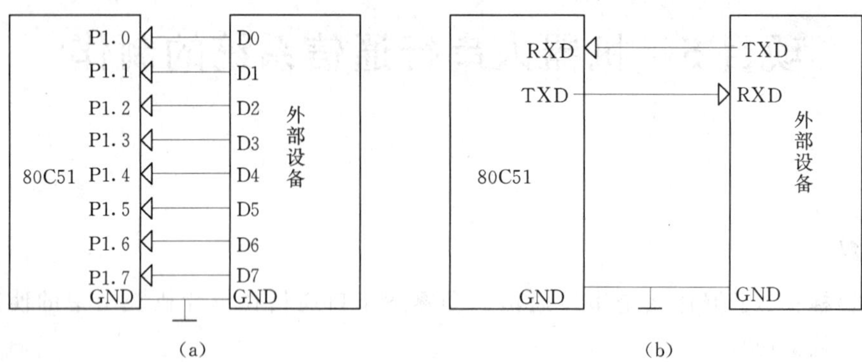

图 5-1　两种数据通信方式

（a）并行数据通信；（b）串行数据通信

（二）异步通信和同步通信

按照串行数据的时钟控制方式，串行通信分为异步通信和同步通信两类。

1. 异步通信

在异步通信 UART（Universal Asynchronous Receiver/Transmitter，通用异步收发器）中，数据是以字符为单位组成字符帧传送的。发送端和接收端由各自独立的时钟来控制数据的发送和接收，这两个时钟彼此独立，互不同步。每一字符帧的数据格式如图 5-2 所示。

在帧格式中，一个字符由四个部分组成：起始位、数据位、奇偶校验位和停止位。

（1）起始位：位于字符帧开头，仅占一位，为逻辑低电平“0”，用来通知接收设备，发送端开始发送数据。线路上在不传送字符时应保持为“1”。接收端不断检测线路的状态，若连续为“1”以后又测到一个“0”，就知道发来一个新字符，应马上准备接收。

（2）数据位：数据位（D0～D7）紧接在起始位后面，通常为 5～8 位，依据数据位由低到高的顺序依次传送。

（3）奇偶校验位：奇偶校验位只占一位，紧接在数据位后面，用来表征串行通信中采用奇校验还是偶校验，也可用这一位（I/O）来确定这一帧中的字符所代表信息的性质（地址/数据等）。

（4）停止位：位于字符帧的最后，表征字符的结束，它一定是高电位（逻辑“1”）。停止位可以是 1 位、1.5 位或 2 位。接收端收到停止位后，知道上一字符已传送完毕，同时也为接收下一字符做好准备（只要再收到“0”就是新的字符的起始位）。若停止位以后不是紧接着传送下一个字符，则让线路上保持为“1”。图 5-2（a）表示一个字符紧接一个字符传送的情况，上一个字符的停止位和下一个字符的起始位是紧相邻的；图 5-2（b）则是两个字符间有空闲位的情况，空闲位为“1”，线路处于等待状态。存在空闲位正是异步通信的特征之一。

2. 同步通信

同步通信时，字符与字符之间没有间隙，也不用起始位和停止位，仅在数据块开始时

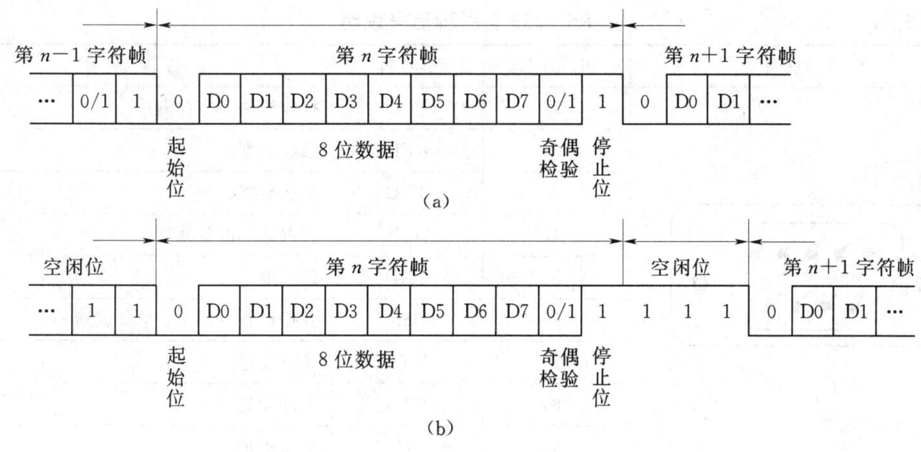

图 5－2　异步通信一帧数据格式

(a) 无空闲位字符帧；(b) 有空闲位字符帧

用同步字符，然后是连续的数据块。同步通信方式由于不必加起始位和停止位，传送效率较高，但实现起来比较复杂，本书不深入讲解，有兴趣可查阅相关资料。

（三）RS－232 总线标准

RS－232 是使用得最早最多的一种异步串行通信总线标准，它由美国电子工业协会（Electronic Industries Association）多次修订而成。RS－232 主要用来定义计算机系统的一些数据终端设备（DTE）和数据通信设备（DCE）之间接口的电气特性，目前已广泛用于计算机与终端或外设之间的近端连接，适合于短距离或带调制解调器的通信场合。

1. RS－232 的电气特性

RS－232C 标准与 TTL、MOS 逻辑电平规定不同，该标准采用负逻辑：低电平表示逻辑 1，电平值为－3～－15V；高电平表示逻辑 0，电平值为＋3～＋15V。

2. RS－232 引脚功能

早期的 RS－232 总线有 25 条信号线，对应的插座（俗称母头）和插头（俗称公头）都是 25 芯的，称为 DB－25 接头，后来 IBM 公司将 25 芯简化为 9 芯，制成 DB－9 接头应用到普通计算机上，其母头称为 DB－9S，公头称为 DB－9P，公头芯针排列见图 5－3，公头芯针信号名称见表 5－1。

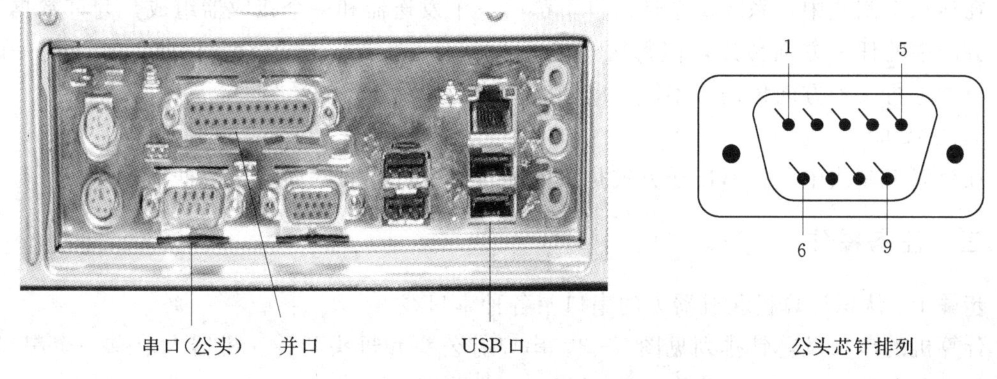

图 5－3　计算机的串口及芯针排列

表 5-1　　RS-232 各引脚信号说明

串口示意图	引脚序号	信号名	功能说明
1　5　6　9	1	DCD	接收线路信号检测
	2	RXD	接收数据
	3	TXD	发送数据
	4	DTR	数据终端准备就绪
	5	GND	信号地
	6	DSR	数据设备（DCE）准备就绪
	7	RTS	请求发送
	8	CTS	允许发送
	9	RI	振铃指示

RS-232 串口总共由 9 个信号口组成，但要完成信号的收发，只需用 RXD、TXD 和 GND 即可。

（四）波特率

在串行通信中，收发双方必须采用相同的数据传输速度，即采用相同的波特率。波特率即数据传送速率，表示每秒钟传送二进制代码的位数，它的单位是位/秒（bit/s）。

假设数据传送的速率是 120 字符/s，每个字符格式包含 10 个代码位（1 个起始位、1 个停止位、8 个数据位），则通信波特率为

120 字符/s×10bit/字符＝1200bit/s＝1200Band

波特率是串行通信的重要指标，表征数据传输的速度，波特率越高，数据传输速度越快。

（五）单工、半双工和全双工

在串行通信中按照数据传送方向，串行通信可分为单工、半双工和全双工三种制式。

1. 单工

在单工制式中，只允许数据向一个方向传送，通信的一端为发送器，另一端为接收器。

2. 半双工

在半双工制式中，系统每个通信设备都由一个发送器和一个接收器组成，允许数据向两个方向中的任一方向传送，但每次只能有一个设备发送，一个设备接收，即在同一时刻，只能进行一个方向传送，不能双向同时传输。

3. 全双工

在全双工制式中，数据传送方式是双向配置，允许同时双向传送数据。

三、任务操作

步骤 1　认识计算机和机器人的串口及各种串口线

计算机的串口及芯针排列见图 5-3。串口有公头和母头两种。机器人上有一个串口，为母头。各种形式的串口线见图 5-5 和图 5-5。

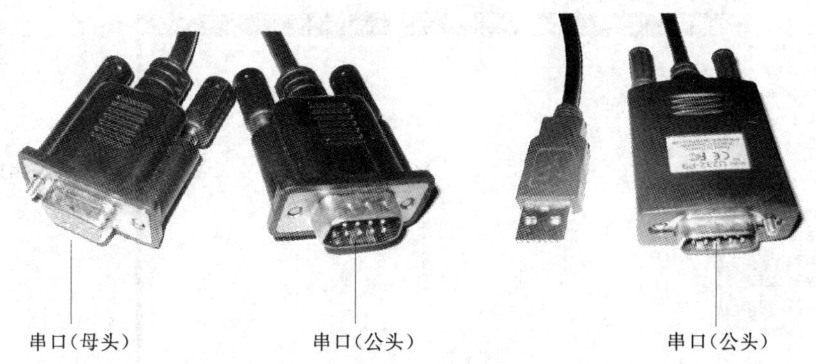

图 5-4　RS-232 串口线　　图 5-5　USB 转串口连接线

步骤 2　用串口线连接计算机的串口

用串口线连接计算机的串口时，可以有两种方法。

方法一：如果是两台计算机之间的数据通信，即一台计算机通过串口发送数据，另一台计算机通过串口接收数据，可用串口线连接两台计算机的串口。由于两台计算机的串口都是公头，可使用两个母头分别插在其上，然后用导线将计算机 A 的串口第 2 芯针 RXD 与计算机 B 的串口第 3 芯针 TXD 相连，将计算机 A 的串口第 3 芯针 TXD 与计算机 B 的串口第 2 芯针 RXD 相连，将两机的串口第 5 芯针 GND 相连，如图 5-6（a）所示。

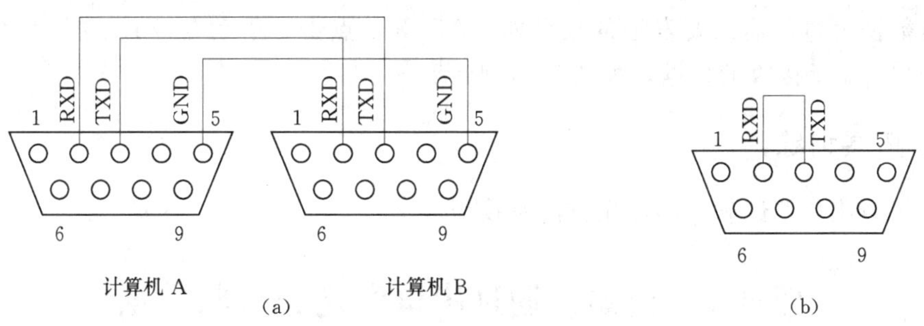

图 5-6　用串口线连接计算机串口

（a）两机通信；（b）单机通信

方法二：如果是单机通信，即本计算机串口发送的数据由本机串口接收，则应该把本机串口第 2 芯针 RXD 与第 3 芯针 TXD 相连，如图 5-6（b）所示。

步骤 3　下载串口调试软件

利用串口调试软件可以控制计算机串口 TXD 脚向 RXD 脚发送数据并显示。网上有很多可免费下载的串口调试软件，一串口调试软件见图 5-7。输入到“发送数据窗口”的数据经 TXD 脚传送到 RXD 脚并在“接收数据窗口”显示。

步骤 4　选择串口、设置通信协议

无论是两机通信还是单机通信，都要事先确定通过哪个串口发送/接收数据，此为串口选择。此外，还有设置通信协议，包括发送方和接收方数据帧（由起始位、数据位、校验位和停止位构成）相同、数据传送速度（波特率）相同。选择串口和设置通信协议都在

图 5－7　串口调试软件

串口调试窗口中完成。

步骤 5　发送数据与接收数据

在串口调试窗口中选择串口和设置通信协议后按“打开串口”准备发送/接收数据，在“发送数据窗口”输入要发送的数据如“A”等，点击“手动/自动发送”后可在“接收数据窗口”显示接收的数据，如图 5－7 所示。

四、拓展训练

自行练习串口调试软件的使用方法及技巧。

任务 2　机器人通过串口发送、接收数据

一、任务描述

（1）机器人通过串行口向计算机连续交替发送十六进制数“00”和“FF”。计算机通过串口接收到数据后在串口调试软件的“接收数据窗口”显示接收到的数据。

（2）机器人通过串口接收计算机发送的数据“0～9、A～F”，所接收的数据通过 LED 数码管显示。

二、知识点归纳与讲解

（一）80C51 单片机的串行口

80C51 单片机内部有一个可编程全双工串行接口，具有 UART（通用异步接收和发送器）的全部功能，通过单片机的引脚 RXD（P3.0）、TXD（P3.1）同时接收、发送数据，构成双机或多机通信系统。

1. 80C51 单片机串行口的内部结构

80C51 单片机串行口的内部结构如图 5-8 所示。

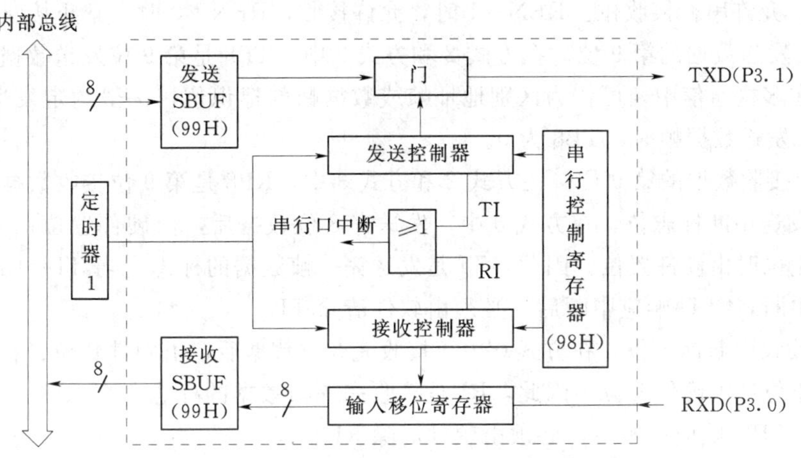

图 5-8 80C51 单片机串行口内部结构

在图 5-8 中，与 80C51 单片机串行口有关的特殊功能寄行器为 SBUF、SCON 和 PCON。

2. 串行口数据缓冲器 SBUF

SBUF 是一个特殊功能寄存器，有两个在物理上独立的接收缓冲器与发送缓冲器。发送缓冲器只能写入不能读出，写入 SBUF 的数据存储在发送缓冲器，用于串行发送；接收缓冲器只能读出不能写入。两个缓冲器共用一个地址 99H，通过对 SBUF 的读、写指令来区别是对接收缓冲器还是发送缓冲器进行操作。接收或发送数据，是通过串行口对外的两条独立收发信号线 RXD（P3.0）、TXD（P3.1）来实现的。

3. 串行口控制寄存器 SCON

SCON 用来控制串行口的工作方式和状态，字节地址为 98H，可以位寻址。SCON 的格式如下所示。

SM0	SM1	SM2	REN	TB8	RB8	TI	RI	SCON（98H）

各位功能说明如下。

SM0、SMl：串行口工作方式选择位，其定义如表 5-2 所示。

表 5-2 串行口工作方式设定

SM0	SM1	工作方式	功能说明
0	0	0	同步移位寄存器输入/输出，波特率为 $f_{osc}/12$
0	1	1	8 位 UART，波特率可变（TI 溢出率/n，n=16 或 32）
1	0	2	9 位 UART，波特率为 f_{osc}/n，n=32 或 64
1	1	3	9 位 UART，波特率可变（TI 溢出率/n，n=16 或 32）

SM2：多单片机通信控制位。清 0 则屏蔽单片机多机通信功能；置 1 则使能单片机多机通信工作在方式 2 和方式 3。此位在方式 0 时应该清 0。

REN：允许串行接收位。REN＝1 时，允许接收；REN＝0 时，禁止接收。

TB8：发送数据的第 9 位。在方式 2 和方式 3 中，TB8 是第 9 位发送数据，可做奇偶校验位。在多机通信中，可作为区别地址帧或数据帧的标识位，一般约定发送地址帧时，TB8 为 1，发送数据帧时，TB8 为 0。

RB8：接收数据的第 9 位。在方式 2 和方式 3 中，RB8 是第 9 位接收数据。

TI：发送中断标志位。在方式 0 中，发送完 8 位数据后，由硬件置位；在其他方式，在发送停止位时由硬件置位。因此，TI 是发送完一帧数据的标志。当 TI＝1 时，向 CPU 申请串行中断，CPU 响应中断后，必须由软件清除 TI。

RI：接收中断标志位。在方式 0 中，接收完 8 位数据后，由硬件置位；在其他方式中在接收停止位后由硬件置位。因此，RI 是接收完一帧数据的标志。当 RI＝1 时，向 CPU 申请中断，CPU 响应中断后，必须由软件清除 RI。

4. 电源及波特率选择寄存器 PCON

PCON 主要是为 CHMOS 型单片机的电源控制而设置的专用寄存器，字节地址为 87H。在 HMOS 的 8051 单片机中，PCON 只有最高位被定义，其他位都是虚设的。

SMOD				GF1	GF0	PDD	IDL	PCON（87H）

PCON 的最高位 SMOD 为串行口波特率的倍增位。在方式 1、2 和方式 3 时，串行通信的波特率与 SMOD 有关。当 SMOD＝1 时，通信波特率加倍，当 SMOD＝0 时，波特率不变。其他各位为掉电方式控制位，有兴趣请查阅相关书籍。

（二）80C51 串行口的工作方式

80C51 的串行口有 4 种工作方式，通过 SCON 中的 SM1、SM0 位来决定，如表 5－2 所示。

1. 工作方式 0

在方式 0 下，串行口作同步移位寄存器用，其波特率固定为 $f_{osc}/12$。串行数据从 RXD（P3.0）端输入或输出，同步移位脉冲由 TXD（P3.1）送出。移位数据的发送和接收以 8 位为一帧，无需起始位和停止位。这种方式常用于扩展 I/O 口。

2. 工作方式 1

方式 1 为波特率可调的 8 位通用异步通信接口。发送或接收一帧信息为 10 位，分别为 1 位起始位 0、8 位数据位和 1 位停止位 1。

数据发送过程：发送数据时，数据从 TXD 端输出。当执行 MOV SBUF，A 指令时，数据被写入发送缓冲器 SBUF，启动发送器发送。当发送完一帧数据后，置中断标志 TI 为 1。

数据接收过程：接收数据时，数据从 RXD 端输入。当允许接收控制位 REN 为 1 后，串行口采样 RXD，当采样到由 1 到 0 跳变时，确认是起始位“0”，启动接收器开始接收一帧数据。当 RI 为 0 且接收到停止位为 1（或 SM2＝0）时，将停止位送入 RB8，8 位数据送入接收缓冲器SBUF，同时置位中断标志RI。所以，在方式1接收数据时，应先用软件清除RI或SM2标志。

3. 工作方式2和工作方式3

在工作方式2和工作方式3下，串行口为9位异步通信接口，发送、接收一帧信息为11位：即1位起始位0、8位数据位、1位奇偶校验位和1位停止位1。传送波特率与SMOD有关。其数据帧格式如下所示。

数据发送过程：串行口在工作方式2和工作方式3发送数据时，数据由TXD端输出，附加的第9位数据为SCON中的RB8（由软件设置）。用指令将要发送的数据写入SBUF，即可启动发送器。发送完一帧信息时，TI由硬件置1。

数据接收过程：当REN为1时，允许接收数据。与方式1相同，CPU开始不断采样RXD，将8位数据送入SBUF中，接收到的第9位数据送入RB8中，当RI=0、SM2=0或接收到的第9位数据为1这三个条件都满足时，将RI置1，否则接收数据无效。

（三）80C51串行口的波特率

在串行通信中，收发双方必须采用相同的数据传输速度，即采用相同的波特率。80C51单片机的串行口有4种工作方式，其中方式0和方式2的波特率是固定的，方式1和方式3的波特率是可变的，由定时器T1的溢出率决定。

1. 方式0和方式2的波特率

在方式0中，波特率为时钟频率的1/12，即 $f_{osc}/12$，固定不变。

在方式2中，波特率取决于PCON中的SMOD值，当SMOD=0时，波特率为 $f_{osc}/64$；当SMOD=1时，波特率为 $f_{osc}/32$，即波特率 $=2^{SMOD}\times f_{osc}/64$。

2. 方式1和方式3的波特率

在方式1和方式3下，波特率由定时器Tl的溢出率和SMOD共同决定，即

$$波特率=2^{SMOD}/32\times n$$

式中　n——定时器T1的溢出率。

定时器T1的溢出率取决于定时器T1的初始值。通常定时器选用工作模式2，即自动重装载初始值的8位定时器，此时TLl作计数用，自动重装载的初始值存在THl内。设定时器的初始值为 X，那么每过 $256-X$ 个机器周期，定时器溢出一次，此时应禁止T1中断。溢出周期为

$$12/f_{osc}\times(256-X)$$

溢出率为溢出周期的倒数，所以波特率为

$$波特率=\frac{2^{SMOD}}{32}\cdot\frac{f_{osc}}{12(256-X)}$$

如两单片机串行通信的波特率为2400bit/s，$f_{osc}=11.0592$MHz，T1工作在模式2，其SMOD=0，则定时器T1的初始值为F4H。

80C51单片机串行口常用波特率与TH1（=TL1）的计数初始值如表5-3所示。

表 5-3　80C51 单片机串行口常用波特率与 TH1（=TL1）的计数初始值

工作方式	波特率（bit/s）	f_{osc}/(MHz)	定时器 T1			
			SMOD	C/$\overline{T}$	模式	定时器初值
方式 0	1M	12	×	×	×	×
方式 2	375k	12	1	×	×	×
	187.5k	12	0	×	×	×
方式 1 方式 3	62.5k	12	1	0	2	FFH
	19.2k	11.059	1	0	2	FDH
	9.6k	11.059	0	0	2	FDH
	4.8k	11.059	0	0	2	FAH
	2.4k	11.059	0	0	2	F4H
	1.2k	11.059	0	0	2	E8H
	137.5	11.059	0	0	2	1DH
	110	12	0	0	1	FEEBH

（四）RS-232 电平与 TTL 电平转换

在数字电路中，只存在“1”和“0”两种逻辑状态，也就是“高电平”和“低电平”。那么，多高的电压为高，多低的电压又是低呢？于是人们分了许多的电平标准，TTL 和 RS-232 就是这其中的两种标准。

TTL（Tansistor-Transistor Logic）是指三极管-三极管逻辑电路。很多单片机，包括机器人所使用的 AT89S52 都是用的这种标准。它的逻辑“1”电平是 5V，逻辑“0”电平是 0V。由于计算机串口采用的是 RS-232 标准，RS-232 标准的逻辑“1”电平是－15～－5V，逻辑“0”电平是＋5～＋15V，因此，单片机与计算机不能直接连接，为了让单片机与计算机能相互通信，必须让这两种电平相互转换，如图 5-9 所示。

图 5-9　计算机与单片机电平转换

图 5-9 中的转换电路部分可采用机器人教学板所使用的电路，或者用专用转换芯片（如 MAX232）来进行。不论是哪种方式，它们要完成的工作是一致的：PC 机的 RS-232 电平进入单片机之前变成 TTL 电平；单片机的 TTL 电平进入 PC 机之前变成 RS-232 电平。

三、任务操作

1. 任务操作 1

步骤 1 程序设计

机器人通过串行口向计算机发送数据是利用了单片机的串口功能。在本程序中，确定单片机字符帧格式为 1 位起始位、8 位数据位和 1 位停止位，无奇偶校验位，波特率为 19.2kbit/s。程序流程图如图 5-10 所示。

根据程序图写出程序，如下：

```
        ORG    0000H         ；单片机向 PC 送数“00”和“FF”
        SJMP   START
        ORG    0030H
START： MOV    SCON，#40H    ；① 设置串行口工作在方式 1，禁止接收
        MOV    TMOD，#20H    ；② 定时器 T1 工作在方式 2
        MOV    TH1，#0FDH    ；③ 设计数初值，波特率为 19.2kbit/s
        MOV    TL1，#0FDH
        SETB   TR1           ；④启动定时器 T1
        MOV    A，#00H
SEND：  MOV    SBUF，A       ；⑤发送数据
LOOP：  JBC    TI，NEXT      ；⑥判断是否发送出数据，发送成功清
                               标志
        SJMP   LOOP          ；等待发送完毕
NEXT：  LCALL  DELAY         ；⑦等待计算机接收数据
        CPL    A             ；⑧取下一个待发送的数
        SJMP   SEND
DELAY： MOV    R7，#150      ；延时程序
D1：    MOV    R6，#250
D2：    DJNZ   R6，D2
        DJNZ   R7，D1
        RET
        END
```

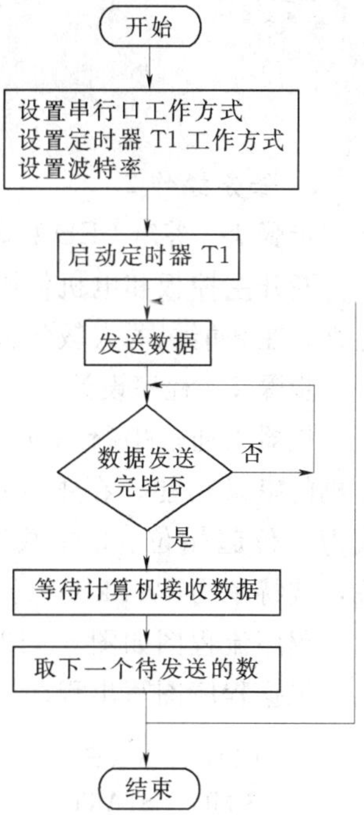

图 5-10 单片机发送数据流程图

步骤 2 将程序写入单片机

步骤 3 用串口线连接计算机的串口和机器人的串口

由于计算机的串口是公头，机器人的串口为母头，可用一根 RS-232 串口线直接将计算机和机器人相连，方法是 RS-232 串口线的母头连接计算机串口的公头，RS-232 串口线的公头连接机器人串口的母头，连接方法见图 5-6（a）。这样连接的效果是：计算机的接收端（RXD）与机器人中单片机的发送端（TXD）相连，计算机的发送端（TXD）与机器人中单片机的接收端（RXD）相连，两者的接地端（GND）相连。

步骤 4 选择串口、设置通信协议、发送数据与接收数据

在串口调试软件窗口中选择计算机的接收串口如 COM4、设置波特率为 19.2kbit/s，设置字符帧格式为无奇偶校验、8 位数据位和 1 位停止位，打开计算机的接收串口，机器

人通电运行程序后即可在“接收数据窗口”看到计算机接收的数据“00”和“FF”，如图5-11所示。

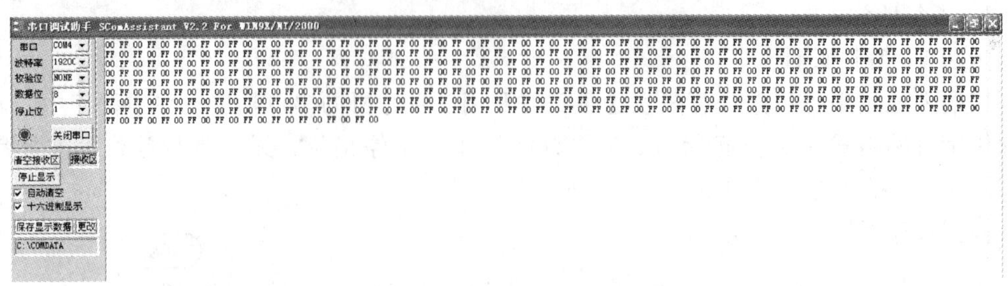

图5-11　计算机的串口接收数据

2. 任务操作2

步骤1　搭建LED数码管显示电路

断开主控板和电机伺服系统的电源，按照图5-6所示电路，在智能机器人教学板的面包板上搭建起实际电路。

步骤2　程序设计

机器人通过串行口接收计算机发送的数据是利用了单片机的串口功能。在本程序中，确定单片机串口字符帧格式为1位起始位、8位数据位和1位停止位，无奇偶校验位，波特率为19.2kbit/s。

程序流程图如图5-12所示。

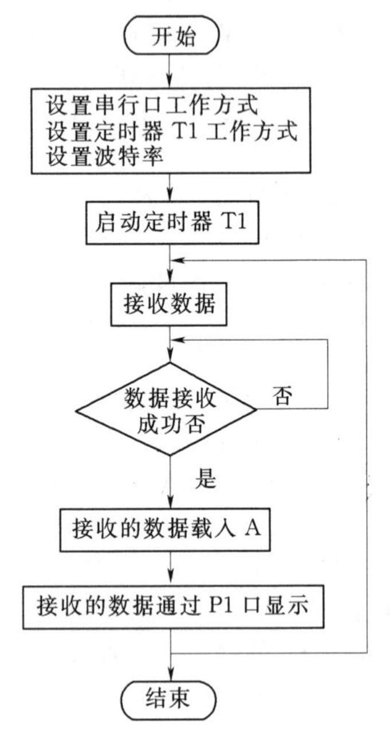

图5-12　单片机接收数据流程图

根据程序图写出程序，如下：

```
        ORG    0000H          ；PC向单片机送数“0～9，A～F”
        SJMP   START

        ORG    0030H
START:  MOV    SCON，#50H      ；①设置串行口工作在方式1，允许接收
        MOV    TMOD，#20H      ；②定时器T1工作在方式2
        MOV    TH1，#0FDH      ；③设计数初值，波特率为19.2kbit/s
        MOV    TL1，#0FDH
        SETB   TR1            ；④启动定时器T1
LOOP:   JBC    RI，NEXT        ；⑤判断是否接收到数据，接收成功清标志
        SJMP   LOOP           ；⑥等待接收完毕
NEXT:   MOV    A，SBUF         ；⑦接收的数据载入A
        MOV    P1，A           ；⑧接收的数据通过P1口显示
        SJMP   LOOP
        END
```

步骤3　将程序写入单片机，用串口线连接计算机的串口和机器人的串口

方法与任务1相同。

步骤4　选择串口、设置通信协议、发送数据与接收数据

在串口调试软件窗口中选择计算机的发送串口如COM4、设置波特率为19.2kbit/s，设置字符帧格式为无奇偶校验、8位数据位和1位停止位，打开计算机的发送串口，机器人通电运行程序后在“发送数据窗口”中按表4-2（数码管字形编码表）输入共阴极数码管要显示的字型段码，如要数码管显示字符“0”，则在“发送数据窗口”输入“0”的字型段码“3F”，然后在串口调试软件窗口中选择“十六进制发送”，点击“手动发送或自动发送”，则机器人数码管显示接收到的字符如“0”等。

四、拓展训练

自行设计LED数码管多样化、人性化显示机器人乙接收机器人甲的信息。

任务3　一机器人向另一机器人发送命令

一、任务描述

机器人甲通过串口向机器人乙发送命令。当按机器人甲面包板上的“前进”键时，机器人乙前进5s后停止；当按“后退”键时，机器人乙后退5s后停止。

二、任务操作

步骤1　搭建硬件电路

在机器人甲面包板上按项目2中图2-23搭建硬件电路。定义机器人甲面包板上的S0键为“前进”键，S1键为“后退”键。

步骤2　程序设计

在本程序中，确定单片机串口字符帧格式为1位起始位、8位数据位和1位停止位，无奇偶校验位，波特率为19.2kbit/s。

程序如下：

```
；机器人甲发送数据/命令主程序
            FLAG    BIT  00H            ；FLAG为0表示无键按下，否则表示有键按下

            ORG     0000H               ；主程序入口
            SJMP    MAIN                ；跳转到主程序
；主程序
            ORG     0030H
MAIN:       CLR     FLAG
            CLR     A
            MOV     B，A
            MOV     SCON，#40H          ；① 设置串行口工作在方式1，禁止接收
            MOV     TMOD，#20H          ；② 定时器T1工作在方式2
            MOV     TH1，#0FDH          ；③ 设计数初值，波特率为19.2kbit/s
            MOV     TL1，#0FDH
            MOV     PCON，#80H          ；④ 设置SMOD=1，双倍波特率
```

```
          SETB    TR1             ；⑤ 启动定时器 T1
LOOP1：   MOV     A，B            ；取键值
          MOV     C，FLAG         ；取按键标志
          MOV     ACC.4，C
SEND：    MOV     SBUF，A         ；⑥ 发送数据
LOOP2：   JBC     TI，NEXT        ；⑦ 判断是否发送出数据，发送成功清标志
          SJMP    LOOP2           ；等待发送完毕
NEXT：    LCALL   DELAY           ；⑧ 等待机器人乙接收数据
          ACALL   KEY_PROC        ；键扫描及处理
          SJMP    LOOP1           ；主循环

；键扫描及处理
KEY_PROC：ORL     P0，#0FH        ；将 P0 口接有键的四位置位
          MOV     A，P0           ；取 P0 的值
          ORL     A，#0F0H        ；将 P0 口未接键的四位置位
          CPL     A               ；取反
          JZ      CLR_FLAG        ；为 0 则无键按下，清除键标志
          ACALL   DELAY           ；有键按下，调用延时程序消键抖
          ORL     P0，#0FH
          MOV     A，P0
          ORL     A，#0F0H
          CPL     A
          JZ      CLR_FLAG
          MOV     B，A            ；确实有键按下，将键值存入 B 中
          SETB    FLAG            ；设置有键按下标志
          LJMP    LOOP1           ；子程序返回
CLR_FLAG：CLR     FLAG
          LJMP    LOOP1

；软件延时
DELAY：   MOV     R7，#100
D1：      MOV     R6，#250
D2：      DJNZ    R6，D2
          DJNZ    R7，D1
          RET
          END

；机器人乙查询工作方式接收主程序
          ORG     0000H
          SJMP    START

          ORG     0030H
START：   MOV     SCON，#50H      ；① 设置串行口工作在方式 1，允许接收
          MOV     TMOD，#20H      ；② 定时器 T1 工作在方式 2
```

```
            MOV     TH1，#0FDH          ；③ 设计数初值，波特率为 19.2kbit/s
            MOV     TL1，#0FDH
            MOV     PCON，#80H          ；④ 设置 SMOD=1，双倍波特率
            SETB    TR1                 ；⑤ 启动定时器 T1
LOOP：      MOV     P1，#3FH
            JBC     RI，NEXT            ；⑥ 判断是否接收到数据，接收成功清标志
            SJMP    LOOP                ；⑦ 等待接收完毕
NEXT：      MOV     A，SBUF             ；⑧ 接收到的数据载入 A
            JNB     ACC.4，LOOP         ；⑨ 无键按下则机器人乙停止运动
            JNB     ACC.0，TEST_P01     ；P0.0 键没按下则检查 P0.1 键
            ACALL   FOR_MOVE            ；  机器人乙前进 5s 后停止运动
            MOV     P1，#06H
            AJMP    LOOP
TEST_P01：  JNB     ACC.1，LOOP         ；P0.1 键没按下则停止运动
            ACALL   BACK_MOVE           ；  机器人乙后退 5s 后停止运动
            MOV     P1，#66H
            AJMP    LOOP

；前进子程序
FOR_MOVE：  MOV     R0，#0C8H           ；循环 200 次
START_F：   CLR     TR0                 ；关闭 T0
            MOV     TMOD，#01H          ；选择定时器 0 工作方式 1
            MOV     TL0，#52H           ；赋初值，延时 1.3ms
            MOV     TH0，#0FBH
            SETB    P1.0
            CLR     P1.1
            SETB    TR0                 ；启动 T0
RIGHT_F：   JBC     TF0，LEFT_F         ；查询计数是否溢出，溢出清 TF0，转 LEFT
            SJMP    RIGHT_F             ；定时时间未到，继续等待
LEFT_F：    CLR     P1.0
            CLR     P1.1
            CLR     TR0                 ；关闭 T0
            MOV     TL0，#0E1H          ；赋初值，延时 1.7ms
            MOV     TH0，#0F9H
            SETB    P1.1
            CLR     P1.0
            SETB    TR0                 ；启动 T0
LOW1_F：    JBC     TF0，LAST_F         ；TF0=1，定时完成，跳到 LAST
            SJMP    LOW1_F              ；TF0=0，继续等待
LAST_F：    CLR     P1.1
            CLR     P1.0
            CLR     TR0                 ；关闭 T0
            MOV     TL0，#00H           ；延时 20ms
            MOV     TH0，#0B8H
```

```
            SETB    TR0
LOW2_F:     JBC     TF0, AGAIN_F      ; 20ms 延时时间到
            SJMP    LOW2_F
AGAIN_F:    DJNZ    R0, START_F       ; 循环次数减 1 不为 0 跳到 START 处重新执行
            RET

; 后退子程序
BACK_MOVE:  MOV     R0, #0C8H         ; 循环 200 次
START_B:    CLR     TR0               ; 关闭 T0
            MOV     TMOD, #01H        ; 选择定时器 0 工作方式 1
            MOV     TL0, #0E1H        ; 赋初值，延时 1.7ms
            MOV     TH0, #0F9H
            SETB    P1.0
            CLR     P1.1
            SETB    TR0               ; 启动 T0
RIGHT_B:    JBC     TF0, LEFT_B       ; 查询计数是否溢出，溢出清 TF0，转 LEFT
            SJMP    RIGHT_B           ; 定时时间未到，继续等待
LEFT_B:     CLR     P1.0
            CLR     P1.1
            CLR     TR0               ; 关闭 T0
            MOV     TL0, #52H         ; 赋初值，延时 1.3ms
            MOV     TH0, #0FBH
            SETB    P1.1
            CLR     P1.0
            SETB    TR0               ; 启动 T0
LOW1_B:     JBC     TF0, LAST_B       ; TF0=1，定时完成，跳到 LAST
            SJMP    LOW1_B            ; TF0=0，继续等待
LAST_B:     CLR     P1.1
            CLR     P1.0
            CLR     TR0               ; 关闭 T0
            MOV     TL0, #00H         ; 延时 20ms
            MOV     TH0, #0B8H
            SETB    TR0
LOW2_B:     JBC     TF0, AGAIN_B      ; 20ms 延时时间到
            SJMP    LOW2_B
AGAIN_B:    DJNZ    R0, START_B       ; 循环次数减 1 不为 0 跳到 START 处重新执行
            RET
            END
```

步骤 3 检查程序功能

将程序写入单片机，用串口线连接两机器人的串口。由于两机器人的串口都是母头，可使用两个公头分别插在其上，然后用导线将两机器人的 TXD 与 RXD 交叉相连，将两机器人串口的 GND 相连，方法与图 5-6（a）类似。接通两机器人的电源，即可检查程序功能。

三、拓展训练

如何通过机器人甲控制机器人乙灵活运动?

任务4 学 生 实 践

学生动手，在面包板或是焊接板上实现前面任务中的电路，并按照基本流程操作，最终整机调试成功。

项 目 习 题

1. 串口通信有几种通信方式? 有什么区别?
2. 什么是串行通信的波特率?
3. 串口通信有哪几种传输方式? 各有什么特点?
4. 简述 89C51 单片机串行控制寄存器 SCON 各位的定义。
5. 编写一个子程序，将累加器 A 中的一个字符从串行接口发送出去。
6. 编写一个子程序，从串行接口接收一个字符。

项目 6　机器人红外感测系统的制作与调试

项目目标

知识目标：①掌握 I^2C 总线基本工作原理；②熟悉 I^2C 总线技术性能；③熟悉 TLC5615 引脚排列及内部结构。

能力目标：①具备电路制作的能力；②具备机器人系统设计能力；③初步具备整机调试的能力。

素质目标：①培养学生具有良好的职业道德和敬业精神；②培养学生的自学能力，团队协作精神；③培养学生的计划组织能力。

工作任务（载体）

任务 1　机器人通过软件模拟 I^2C 总线与 E^2PROM 传送数据

任务 2　串行 D/A 转换器的使用

任务 3　学生实践

任务 1　机器人通过软件模拟 I^2C 总线与 E^2PROM 传送数据

一、任务描述

将 89S52 单片机内部 RAM 中 60H～67H 单元存放的“1”～“8”LED 显示器的字形码写入 AT24C01 存储器的 20H～27H 单元。为检查写入效果，再将 AT24C01 的 20H～27H 单元内容读出，存入单片机内部 RAM 的 40H～47H 单元，同时送 LED 显示器显示。

二、知识点归纳与讲解

（一）I^2C 总线简介

I^2C 总线是一双线串行总线，它提供一小型网络系统，为总线上的电路共享公共的总线。总线上的器件有单片机、LCD 驱动器以及上 E^2PROM 器等。自从飞利浦公司提出 I^2C 总线规范以来，I^2C 器件得到了广泛的应用。I^2C 器件的应用大大减少了电路间连线，减小了电路板尺寸，降低了硬件成本，并提高了系统可靠性。

（二）I^2C 规范

对于面向 8 位的数字控制应用譬如那些要求用微控制器的要建立一些设计标准。

（1）一个完整的系统通常由至少一个微控制器和其他外围器件例如存储器和I/O扩展器组成。

（2）系统中不同器件的连接成本必须最小。

（3）执行控制功能的系统不要求高速的数据传输。

（4）总的效益由选择的器件和互连总线结构的种类决定。

产生一个满足这些标准的系统需要一个串行的总线结构。尽管串行总线没有并行总线的数据吞吐能力，但它们只要很少的配线和IC连接管脚。然而，总线不仅仅是互连的线，还包含系统通信的所有格式和过程。

串行总线的器件间通信必须有某种形式的协议，避免所有混乱、数据丢失和妨碍信息的可能性。快速器件必须可以和慢速器件通信。系统必须不能基于所连接的器件，否则不可能进行修改或改进。应当设计一个过程决定哪些器件何时可以控制总线，而且，如果有不同时钟速度的器件连接到总线，必须定义总线的时钟源。所有这些标准都在I^2C总线的规范中。

（二）I^2C总线名词解释

发送器：发送数据到总线的器件。

接收器：从总线接收数据的器件。

主机：初始化发送产生时钟信号和终止发送的器件。

从机：被主机寻址的器件。

多主机：同时有多于一个主机尝试控制总线但不破坏报文。

仲裁：是一个在有多个主机同时尝试控制总线但只允许其中一个控制总线并使报文不被破坏的过程。

同步：两个或多个器件同步时钟信号的过程。

（四）I^2C总线技术性能

（1）工作速率有100kbit/s和400kbit/s两种。

（2）支持多机通信。

（3）支持多主控模块，但同一时刻只允许有一个主控。

（4）由数据线SDA和时钟SCL构成的串行总线。

（5）每个电路和模块都有唯一的地址。

（6）每个器件可以使用独立电源。

（五）I^2C总线基本工作原理

（1）以启动信号START来掌管总线，以停止信号STOP来释放总线。

（2）每次通信以START开始，以STOP结束。

（3）启动信号START后紧接着发送一个地址字节，其中7位为被控器件的地址码，一位为读/写控制位R/W，R /W位为0表示由主控向被控器件写数据，R/W为1表示由主控向被控器件读数据。

（4）当被控器件检测到收到的地址与自己的地址相同时，在第9个时钟期间反馈应答信号。

（5）每个数据字节在传送时都是高位（MSB）在前。

1. 写通信过程

(1) 主控在检测到总线空闲的状况下，首先发送一个START信号掌管总线。

(2) 发送一个地址字节（包括7位地址码和一位R/W）。

(3) 当被控器件检测到主控发送的地址与自己的地址相同时发送一个应答信号（ACK）。

(4) 主控收到ACK后开始发送第一个数据字节。

(5) 被控器收到数据字节后发送一个ACK表示继续传送数据，发送NACK表示传送数据结束。

(6) 主控发送完全部数据后，发送一个停止位STOP，结束整个通信并且释放总线。

2. 读通信过程

(1) 主控在检测到总线空闲的状况下，首先发送一个START信号掌管总线。

(2) 发送一个地址字节（包括7位地址码和一位R/W）。

(3) 当被控器件检测到主控发送的地址与自己的地址相同时发送一个应答信号（ACK）。

(4) 主控收到ACK后释放数据总线，开始接收第一个数据字节。

(5) 主控收到数据后发送ACK表示继续传送数据，发送NACK表示传送数据结束。

(6) 主控发送完全部数据后，发送一个停止位STOP，结束整个通信并且释放总线。

3. 总线信号时序分析

(1) 总线空闲状态。SDA和SCL两条信号线都处于高电平，即总线上所有的器件都释放总线，两条信号线各自的上拉电阻把电平拉高。

(2) 启动信号START。时钟信号SCL保持高电平，数据信号SDA的电平被拉低（即负跳变）。启动信号必须是跳变信号，而且在建立该信号前必修保证总线处于空闲状态。

(3) 停止信号STOP。时钟信号SCL保持高电平，数据线被释放，使得SDA返回高电平（即正跳变），停止信号也必须是跳变信号。

(4) 数据传送。SCL线呈现高电平期间，SDA线上的电平必须保持稳定，低电平表示0（此时的线电压为地电压），高电平表示1（此时的电压由元器件的VDD决定）。只有在SCL线为低电平期间，SDA上的电平允许变化。

(5) 答信号ACK。I^2C总线的数据都是以字节（8位）的方式传送的，发送器件每发送一个字节之后，在时钟的第9个脉冲期间释放数据总线，由接收器发送一个ACK（把数据总线的电平拉低）来表示数据成功接收。

(6) 无应答信号NACK。在时钟的第9个脉冲期间发送器释放数据总线，接收器不拉低数据总线表示一个NACK，NACK有两种用途：

1) 一般表示接收器未成功接收数据字节。

2) 当接收器是主控器时，它收到最后一个字节后，应发送一个NACK信号，以通知被控发送器结束数据发送，并释放总线，以便主控接收器发送一个停止信号STOP。

4. 寻址约定

地址的分配方法有两种：

(1) 含 CPU 的智能器件，地址由软件初始化时定义，但不能与其他的器件有冲突。

(2) 不含 CPU 的非智能器件，由厂家在器件内部固化，不可改变。

高 7 位为地址码，其分为两部分：

(1) 高 4 位属于固定地址不可改变，由厂家固化的统一地址。

(2) 低三位为引脚设定地址，可以由外部引脚来设定（并非所有器件都可以设定）。

5. I^2C 总线时序定义

起始位：SCL=1 时，在 SDA 上有下降沿。

停止位：SCL=1 时，在 SDA 上有上升沿。

图 6-1 是时序图。

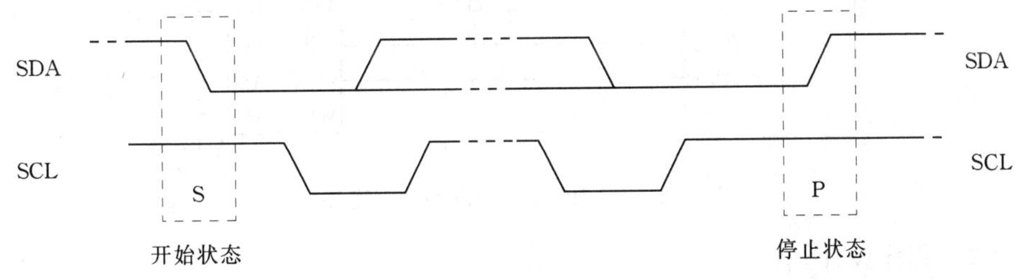

图 6-1 时序图

主器件发停止信号给从器件，作用在于使从器件处为准备状态（或是已知的状态）。

从应答：SDA=0

写数据时，应答的器件在第九个时钟周期将 SDA 线拉低，表示已收到一个 8 位数据，并表示可继续接收。主机在向从机写一字节后接收从应答，再进行后续操作（一般不考虑从应答位的具体值，仅在应答检测时用于判断从器件是否完成其内部写周期）。

主应答：SDA=0（用）

读数据时，主机每接收从机一个字节数据（不是最后一个），返回主应答 ACK（SDA=0）；是最后一个字节时返回无需应答 NO _ ACK（SDA=1）。

当从机工作于读模式时，在向主机发送一个 8 位数据后释放 SDA 线并监视一个应答信号，一旦接收到主机的应答信号，从机继续发送数据；若主器件没有发送应答信号，从机停止传送数据并等待一个停止信号，主器件必须发一个停止信号给从机使其进入备用电源模式并使器件处于已知的状态。

应答检测：采用应答检测读命令测试从机是否页写结束（通过从应答来识别）。

当从器件完成内部写周期后将发送一个应答信号（从应答）给主器件，以便可以继续进行下一次读操作。

三、任务操作

步骤 1 搭建硬件电路

硬件电路如图 6-2 所示。

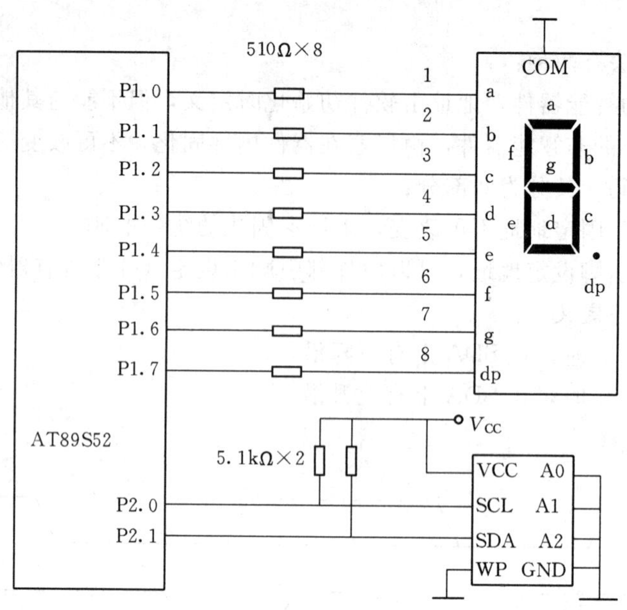

图 6-2 AT89S52 与 AT24C01 连接图

步骤 2 程序设计

程序清单如下：

```
SDA       EQU  P2.1        ;
SCL       EQU  P2.0        ;
F0        BIT  00H         ; ACK状态标志位
NUMBYT    EQU  5DH         ; NUMBYT存放欲发送/接收数据的字节数
SLA       EQU  5EH         ; SLA存放读/写控制字节
MRD       EQU  40H         ; 欲接收数据位于片内RAM中以MRD为起始地址的N个单元
MTD       EQU  5FH         ; 被写的E²PROM地址存于MTD，欲发送数据位于片内RAM中以MTD+1为起
                             始地址的N个单元

          ORG              0000H
          AJMP   MAIN

          ORG    0030H
   MAIN:  MOV    R0，#0FFH
          MOV    R1，#5FH
          MOV    R2，#08H
NEXT2:    INC    R0              ；以下程序将显示器的字形码送60H～67H单元
          MOV    A，R0
          MOV    DPTR，#TAB
          MOVC   A，@A+DPTR
          INC    R1
          MOV    @R1，A
```

```
        DJNZ    R2，NEXT2
        MOV     MTD，#20H          ；被写的E²PROM地址存于MTD
        MOV     NUMBYT，#09H       ；连地址共发送9个字节数据
        MOV     SLA，#0A0H         ；写控制字节A0H存于SLA
        LCALL   WRNBYT             ；调发送数据子程序发送9个字节
        MOV     R6，#02H           ；延时等待内部写入完成（内部写周期）
DL0：   MOV     R7，#0FAH
DL1：   NOP
        NOP
        DJNZ    R7，DL1
        DJNZ    R6，DL0
        MOV     MTD，#20H          ；被读的E²PROM地址20H存于MTD
        MOV     SLA，#0A0H         ；写控制字节存于SLA
        MOV     NUMBYT，#01        ；发地址，一个字节数
        LCALL   WRNBYT
        MOV     SLA，#0A1H         ；读控制字节A1H存于SLA
        MOV     NUMBYT，#08H       ；读入8个数据字节
        LCALL   RDNBYT             ；调读字节子程序读入8个数据字节
        MOV     R0，#3FH           ；R0指向读入的数据存放地址
        MOV     R1，#08H
NEXT1： INC     R0
        MOVC    A，@R0
        MOV     P3，A              ；将读入的数据送LED显示器显示
        MOV     R6，#0FFH          ；延时
DL3：   MOV     R7，#0FFH
DL4：   NOP
        NOP
        DJNZ    R7，DL4
        DJNZ    R6，DL3
        DJNZ    R1，NEXT1
        LJMP    MAIN
TAB：   DB      06H，5BH，4FH，66H，6DH，7DH，07H，7FH
        END

；发送开始信号
STA：   SETB    SCL
        SETB    SDA
        NOP
        NOP
        CLR     SDA
        NOP
        NOP
        CLR     SCL
        RET
```

```
；发送停止信号
STOP：    CLR     SDA
          SETB    SCL
          NOP
          NOP
          SETB    SDA
          NOP
          NOP
          CLR     SCL
          RET
；发送应答位 ACK
MACK：    CLR     SDA
          SETB    SCL
          NOP
          NOP
          CLR     SCL
          SETB    SDA
          RET
；发送非应答位/ACK
MNACK：   SETB    SDA
          SETB    SCL
          NOP
          NOP
          CLR     SCL
          CLR     SDA
          RET

；检查应答位 ACK 状态
CACK：    SETB    SDA              ；SDA 作为输入
          SETB    SCL              ；第 9 个时钟脉冲开始
          NOP                      ；
          MOV     C，SDA           ；读 SDA 线
          MOV     F0，C            ；转存入 F0 中
          CLR     SCL              ；时钟脉冲结束
          NOP
          RET

；单个字节数据发送子程序
；该子程序的入口条件是待发送的字节位于 A 中
WRB：     MOV     R7，#08          ；位计数器初值
WLP：     RLC     A                ；发送位移入 C
          JC      WR1              ；发送位为 1 转 WR1
          CLR     SDA              ；发送位为 0，发送 0
```

```
        SETB    SCL             ；时钟脉冲变高电平
        NOP                     ；延时
        NOP
        CLR     SCL             ；时钟脉冲变低电平
        DJNZ    R7，WLP         ；未发送完 8 位，转入 WLP
        RET                     ；发送完 8 位返回
WR1：   SETB    SDA             ；此位为 1，发送 1
        SETB    SCL             ；时钟脉冲变高电平
        NOP                     ；延时
        NOP
        CLR     SCL             ；时钟脉冲变低电平
        CLR     SDA             ；
        DJNZ    R7，WLP
        RET

；N 个字节数据发送了程序
WRNBYT：  PUSH    PSW           ；保护现场
WRNBYT1： MOV     PSW，＃18H    ；改用第三组工作寄存器
          LCALL   STA           ；发起始条件
          MOV     A，SLA        ；读写控制字节
          LCALL   WRB           ；发送写控制字节
          LCALL   CACK          ；检查应答位
          JB      F0，WRNBYT    ；无应答位，重发
          MOV     R0，＃MTD     ；有应答位，发数据，第一个数据为首址
          MOV     R5，NUMBYT    ；R5 存读数据字节数
WRDA：    MOV     A，@R0        ；读一个字节数据
          LCALL   WRB           ；发送此字节
          LCALL   CACK          ；检查 ACK
          JB      F0，WRNBYT1   ；无 ACK，重发
          INC     R0            ；调整指针
          DJNZ    R5，WRDA      ；如未发送完 N 个字节，继续
          LCALL   STOP          ；全部数据发送完，停止
          POP     PSW           ；恢复现场
          RET

；字节数据接收子程序
；该子程序的功能是经过 8 个时钟从 SDA 线读入一个字节数据，并将所读字节存入 A 和 R6 中
RDB：     MOV     R7，＃08      ；R7 存放位计数器初值
RLP：     SETB    SDA           ；SDA 输入
          SETB    SCL           ；SCL 脉冲开始
          MOV     C，SDA        ；读 SDA
          MOV     A，R6         ；取回暂存结果
          RLC     A             ；移入新接收位
          MOV     R6，A         ；暂存入 R6
```

```
        CLR     SCL              ；SCL 脉冲结束
        DJNZ    R7，RLP          ；未读完 8 位，转 RLP
        RET

；读、存数据程序
；N 个字节数据发送子程序
；该子程序的入口条件是待发送的字节位于
RDNBYT：  PUSH    PSW              ；保护现场
RDNBYT1： MOV     PSW，#18H        ；改用第三组工作寄存器
          LCALL   STA              ；发起始条件
          MOV     A，SLA           ；读入读控制字节
          LCALL   WRB              ；发送读控制字节
          LCALL   CACK             ；检查应答位 ACK
          JB      F0，RDNBYT1      ；无应答位 ACK，重新开始
          MOV     R1，#MTD         ；接收数据缓冲区指针
GO_ON：   LCALL   RDB              ；读一个字节
          MOV     @R1，A           ；存入接收数据缓冲区
          DJNZ    NUMBYT，ACK      ；未全接收完，转 ACK
          LCALL   MNACK            ；已读完所有字节，发/ACK
          LCALL   STOP             ；发停止条件
          POP     PSW
          RET
ACK：     LCALL   MACK             ；发 ACK
          INC     R1               ；调整指针
          AJMP    GO_ON            ；继续接收
          RET                      ；
```

四、拓展训练

请自行完成 I^2C 总线传送数据系统的调试。

任务 2　串行 D/A 转换器的使用

一、任务描述

采用串行 D/A 转换器 TLC5615 将存放于单片机内部 RAM 中 30H 和 31H 单元的数值转化为模拟量，其中高 2 位在 30H 单元，低 8 位在 31H 单元。

二、知识点归纳与讲解

（一）TLC5615 简介

TLC5615 是带有 3 线串行接口、具有缓冲输入的 10 位 DAC。DAC 具有基准电压两倍的输出电压范围，且 DAC 是单调变化的。器件使用简单，其特点如下。

(1) 5V 单电源工作。
(2) 3 线串行接口。
(3) 高阻抗基准输入。
(4) 电压输出可达基准电压的 2 倍。
(5) 内部复位。

(二) 引脚排列及功能说明

引脚排列及功能说明分别见图 6-3 和表 6-1。

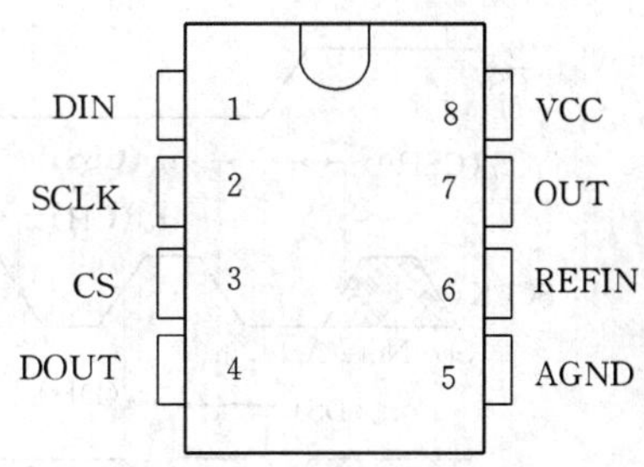

图 6-3 TLC5615 引脚排列

表 6-1 **TLC5615 引脚功能**

引脚		I/O	说　明
名称	序号		
DIN	1	I	串行数据输入
SCLK	2	I	串行时钟输入
CS	3	I	芯片选择，低有效
DOUT	4	O	用于菊花链（daisy chaining）的串行数据输出
AGND	5		模拟地
REFIN	6	I	基准输入
OUT	7	O	DAC 模拟电压输出
V_{DD}	8		正电源

(三) 内部结构

内部结构及功能方框图见图 6-4。

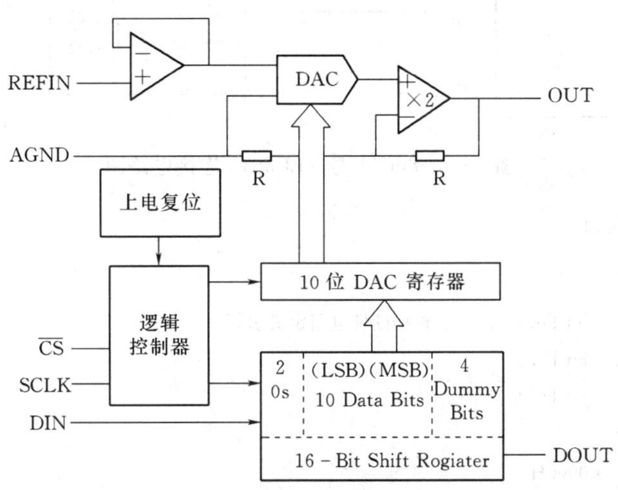

图 6-4 内部结构及功能方框图

(四) 工作时序

工作时序见图 6-5。

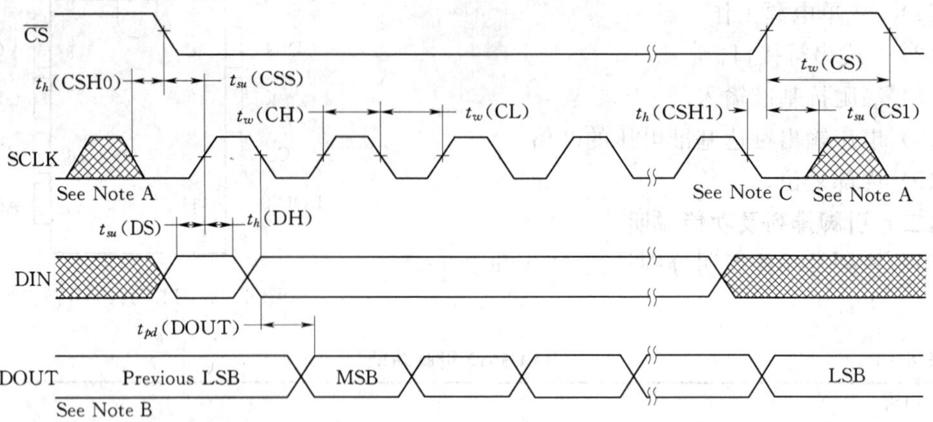

图 6-5 工作时序

三、任务操作

步骤 1 搭建硬件电路

硬件电路如图 6-6 所示。

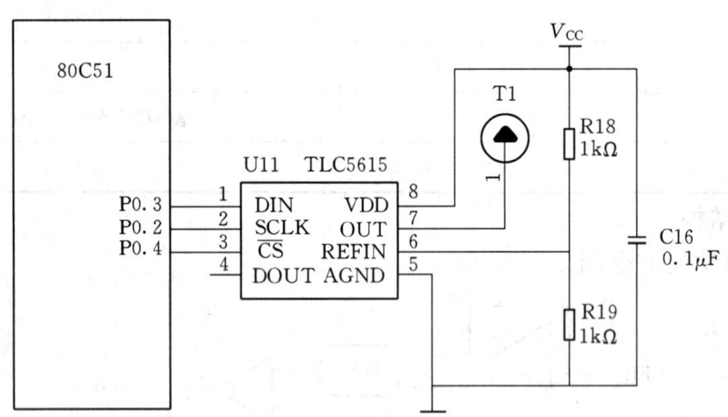

图 6-6 80C51 与 TLC5615 连接电路图

步骤 2 程序设计

程序清单如下：

```
        DADIN    bit P0.3        ；根据硬件电路定义引脚
        DASCLK   bit P0.2
        DACS     bit P0.4

        ORG      0000H
        SJMP     MAIN

        ORG      0030H
MAIN：  MOV      R1，30H
```

```
            MOV     R2, 31H
DAConv:     SETB    DACS        ; 拉高/CS端
            NOP
            NOP
            CLR     DADIN       ; 拉低数据、时钟和片选
            CLR     DASCLK
            CLR     DACS
            NOP
            NOP
            MOV     A, R1       ; 取得待输出数据高2位
            MOV     R3, #02H    ; 准备循环2次
DA_1:       RLC     A
            MOV     DADIN, C    ; 送出数据
            NOP
            NOP
            SETB    DASCLK
            NOP
            NOP
            CLR     DASCLK      ; 形成时钟脉冲
            DJNZ    R3, DA_1
            MOV     R3, #08H
            MOV     A, R2       ; 取得待输出数据低8位
DA_2:       RLC     A
            MOV     DADIN, C    ; 送出数据
            NOP
            NOP
            SETB    DASCLK      ; 形成时钟脉冲
            NOP
            NOP
            CLR     DASCLK
            DJNZ    R3, DA_2
            SETB    DACS
            CLR     DASCLK
            CLR     DADIN       ; 拉高片选端，拉低时钟端与数据端，回到初始状态
            END
```

四、拓展训练

请利用D/A转换器设计一信号发生器，能产生三角波或方波等，波形频率自定。

任务3　学　生　实　践

请同学自行完成本项目中的所有任务操作，并调试成功。

项　目　习　题

1. 为什么要研究 MCS－51 单片机与 DAC 的接口电路？
2. D/A 转换器的主要性能指标有哪些？
3. 用单片机控制 D/A 转换器产生梯形波，试设计电路及程序编写。

项目7 机器人光感测系统的制作与调试

项目目标

知识目标：①熟悉光敏电阻及应用；②了解 A/D 转换器；③熟悉串行输出 8 位 A/D 转换器 TLC549。

能力目标：①具备系统设计的能力；②具备整机调试的能力。

素质目标：①培养学生具有良好的职业道德和敬业精神；②培养学生的自学能力、团队协作精神；③培养学生的计划组织能力。

工作任务（载体）

任务 1 搭建和测试光信号（电压）采集电路

任务 2 手电筒光束引导机器人运动

任务 3 学生实践

项目实现整体方案：

采用 2 个带黑色套管的光敏元件以不同角度采光的方案，如图 7-1 所示。原理是：光敏电阻 A、B 接收光的方向不一样，即接收光强不一样，导致其两端电压也不一样，通过比较 A、B 的电压，确定光源相对小车的方位。光敏电阻接收光越强，电阻值越小，采集到的电压越高。

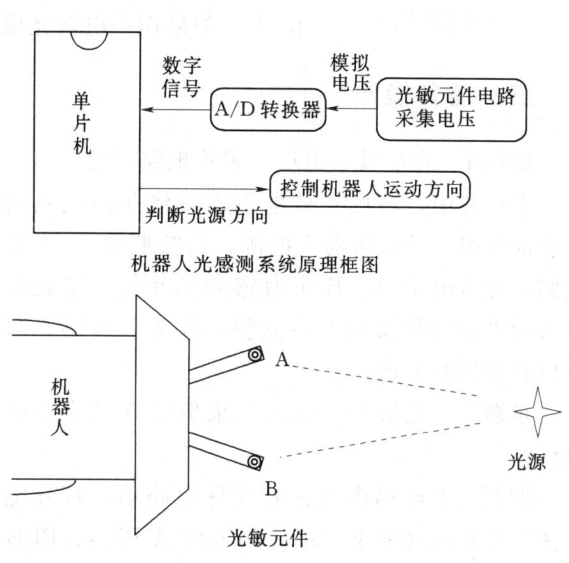

图 7-1 项目总体方案

通过 A、B 光敏电阻产生的模拟电压，经串口 A/D 转换为数字信号后，再作大小比较，并控制小车运动方向。若在自然光照下测得两管电压为 V，当 A 或 B 管电压不高于 V 时，小车静止；当 A 或 B 管电压高于 V 时，遵循以下规则。

(1) 当 A 管电压高于 B 管电压（即 A 管接收光强大于 B 管接收光强）时，说明光源在小车左前方。

(2) 当A管电压等于B管电压，说明光源在小车右前方。

(3) 当A管电压低于B管电压，说明光源在小车正前方。

任务1　搭建和测试光信号（电压）采集电路

一、任务描述

(1) 本任务利用光敏电阻采集光信号并以模拟电压形式输出。

(2) 本任务用到的元器件：光敏电阻2个，10kΩ电阻2个，104电容2个，万用表1台。

二、知识点归纳与讲解

前面用到的电阻都有固定值，例如220Ω、10kΩ。

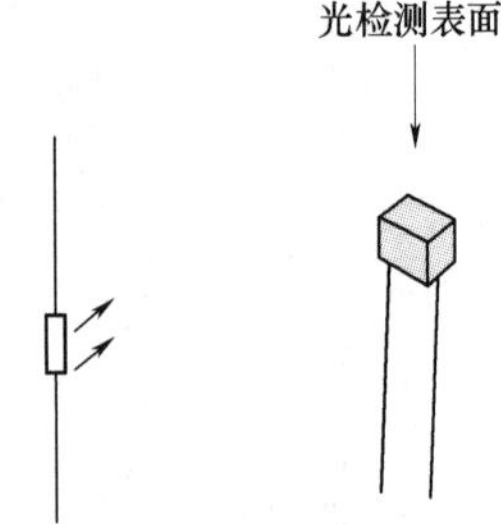

图7-2　光敏电阻示意图和元件图

光敏电阻是一种特殊的电阻，也是电阻值随光强的改变而改变的光传感器，即其阻值由照射到光检测表面的光的亮度或强度决定（LDR，Light Dependent Resistor）。图7-2是光敏电阻的示意图和元件图。

将用光敏电阻检测不同的光亮度水平。

在以上电路中，增强光照使光敏电阻的电阻值 R 减小，反过来使检测点PEA、PEB电压 V 增大。

在一个灯光比较好的屋子里，2kΩ电阻使 V 的值刚好约大于1.4V。如果用手电筒光束照射，V 会大于临界值1.4V。

三、任务操作

步骤1　光信号（电压）采集电路搭建

本任务中，将用光敏电阻来搭建并测试光的亮度感应电路。关闭机器人电源，请按照图7-3连接电路，光敏电阻A、B作为感测光元件，安装在机器人前端分别稍微向左右倾斜（作为左右感光眼），可以自行调整方向。

步骤2　光信号（电压）采集电路采集点电压测试

按照以上电路图连接好实际电路后，打开电源开关，在自然光照下，用万用表测试PEA、PEB点的电压，并记录临界电压 V（光线比较好情况下约1.4V左右）。

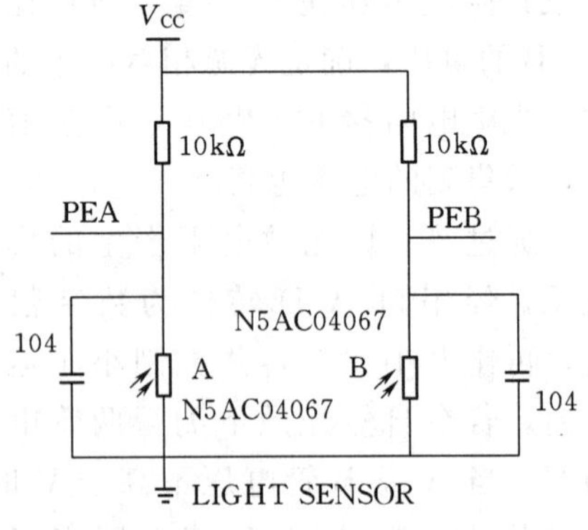

图7-3　光信号采集电路图

用手电筒光束对准A光敏电阻采光面，用万用表测PEA、PEB点的电压，并记录 V_{1A}、V_{1B}，比较 V、V_{1A}、V_{1B} 的大小。一般结果 $V_{1A}>V_{1B}>V$。

用手电筒光束对准 B 光敏电阻采光面，用万用表测 PEA、PEB 点的电压，并记录 V_{2A}、V_{2B}，比较 V、V_{2A}、V_{2B} 的大小。一般结果 $V_{2B}>V_{2A}>V$。

用手电筒光束对准 A、B 光敏电阻采光面正中间，用万用表测 PEA、PEB 点的电压，并记录 V_{3A}、V_{3B}，比较 V、V_{3A}、V_{3B} 的大小。一般结果 $V_{3A}=V_{3B}>V$。

注意：调节手电筒与光敏电阻采光面的距离，总结出规律：手电筒光束在光敏电阻的采光面前面 5.1 cm 处，采集到的信号效果最好，见图 7－4。

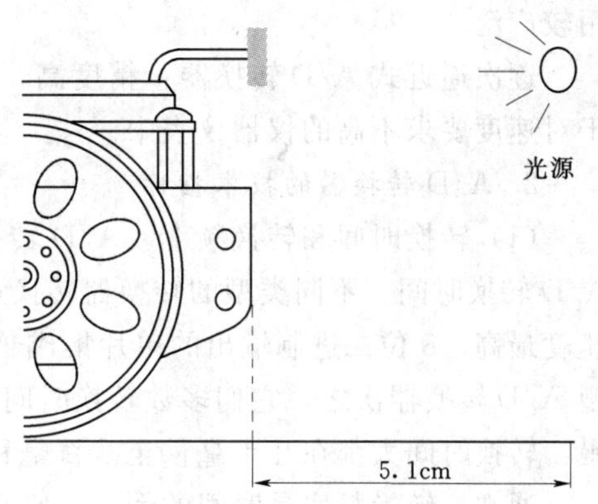

图 7－4　机器人前端的光敏电阻位置图

工程规范提示：

使用万用表测某点电压时，应先预算此点输出电压的大概值，以供选择万用表的合适欧姆档位，或先选择万用表欧姆档的最大范围档，再根据测得值调整欧姆档位，避免损坏万用表。

四、拓展训练

请自行调整光敏电阻的安装位置，使得光源偏向机器人的左边、右边或中间时，能根据所测电压正确导航机器人。

任务 2　手电筒光束引导机器人运动

一、任务描述

（1）本任务利用 ADC 将光信号采集电路采集到的模拟电压转换为数字信号，并送给单片机，以控制机器人跟随手电筒光束行走。

（2）本任务用到的元件：TLC549 转换器 2 片，0.1μF 电容 1 个，10kΩ 电阻 1 个，手电筒 1 个。

二、知识点归纳与讲解

（一）A/D 转换介绍

1. A/D 转换器的作用

将模拟量转换为数字量，以便计算机接收处理。一般通过传感器采集模拟信号，经 A/D 转换器转换为数字信号后送单片机作下一步控制处理。此过程参见图 7－5。

传感器 → A/D 转换 → 单片机

图 7－5　信息传输过程

A/D 转换器根据转换原理可以分为逐次逼近式、双积分式、并行式等。

双积分式 A/D 转换器：精度、速度和价格适中，应用较广泛。

逐次逼近式 A/D 转换器：精度高，抗干扰性能好，价格低廉，但速度较慢，经常用于对速度要求不高的仪器仪表中。

2. A/D 转换器的技术指标

（1）转换时间和转换频率。A/D 转换器完成一次模拟量变换为数字量所需的时间即 A/D 转换时间。不同类型的转换器转换速度相差甚远。其中并行比较 A/D 转换器的转换速度最高，8 位二进制输出的单片集成 A/D 转换器转换时间可达到 50ns 以内，逐次比较型 A/D 转换器次之，它们多数转换时间在 10～50ms 以内，双积分 A/D 转换器的速度最慢，转换时间大都在几十毫秒至几百毫秒之间。

通常，转换频率是时间的倒数，它反映了采信系统的实时性能，是一个很重要的技术指标。

（2）转换精度。单片集成 A/D 转换器的转换精度是用分辨率和转换误差来描述的。

1）分辨率。A/D 转换器的分辨率以输出二进制（或十进制）数的位数来表示。它说明 A/D 转换器对输入信号的分辨能力。从理论上讲，n 位输出的 A/D 转换器能区分 2 的 n 次方个不同等级的输入模拟电压，能区分输入电压的最小值为满量程输入的 $1/2^n$。在最大输入电压一定时，输出位数越多，分辨率越高。例如 A/D 转换器输出为 8 位二进制数，输入信号最大值为 5V，那么这个转换器应能区分出输入信号的最小电压为 20mV。

2）转换误差。转换误差通常是以输出误差的最大值形式给出。它表示 A/D 转换器实际输出的数字量和理论上的输出数字量之间的差别。常用最低有效位的倍数表示。例如给出相对误差不大于 $\pm LSB/2$，这就表明实际输出的数字量和理论上应得到的输出数字量之间的误差小于最低位的半个字。

（二）TLC549：通用串行输出 8 位 A/D 转换器

德州仪器公司（TI）推出的 TLC549 是广泛应用的 CMOS 通用串行输出 8 位 A/D 转换器。该芯片有一个模拟输入端口，3 态的数据串行输出接口可以方便地和微处理器或外围设备连接。TLC549 仅仅使用输入/输出时钟（I/O CLOCK）和芯片选择（$\overline{CS}$）信号控制数据。最大的输入/输出时钟（I/O CLOCK）为 1.1MHz。TLC549 引脚图见图 7-6。

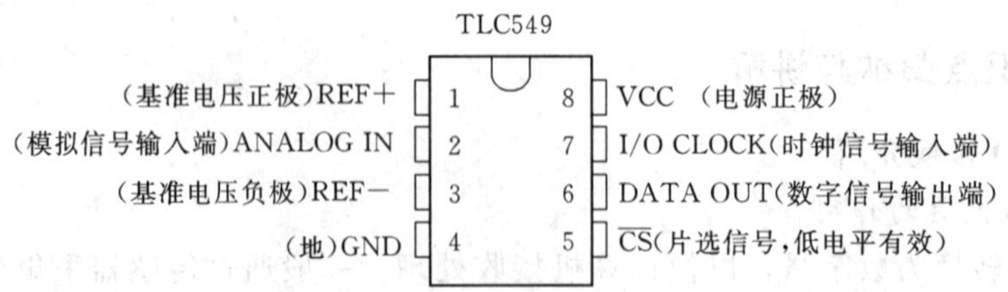

图 7-6　TLC549 引脚图

1. 产品特性

（1）单输入通道：8 位转换结果。

(2) 转换时间：最大 17μs；每秒访问和转换次数：达到 40000。

(3) 片上软件控制采样和保持功能。

(4) 宽电压供电：3～6V；5V 供电时输入范围：0～5V。

(5) 低功耗：最大 15mW。

(6) 工作温度范围：0～70℃（TLC549），－40～85℃（TLC549I）。

2. 应用领域

(1) 低功耗数据采集系统。

(2) 电池供电系统。

(3) 工业控制。

(4) 工厂自动化系统等。

3. 工作原理

TLC548、TLC549 均有片内系统时钟，该时钟与 I/O CLOCK 是独立工作的，无须特殊的速度或相位匹配。

当 CS 为高时，数据输出（DATA OUT）端处于高阻状态，此时 I/O CLOCK 不起作用。这种 CS 控制作用允许在同时使用多片 TLC548、TLC549 时，共用 I/O CLOCK，以减少多路（片）A/D 并用时的 I/O 控制端口。一组通常的控制时序如下。

(1) 将 CS 置低。内部电路在测得 CS 下降沿后，再等待两个内部时钟上升沿和一个下降沿后，然后确认这一变化，最后自动将前一次转换结果的最高位（D7）位输出到 DATA OUT 端上。

(2) 前 4 个 I/O CLOCK 周期的下降沿依次移出第 2、3、4 和第 5 个位（D6、D5、D4、D3），片上采样保持电路在第 4 个 I/O CLOCK 下降沿开始采样模拟输入。

(3) 接下来的 3 个 I/O CLOCK 周期的下降沿移出第 6、7、8（D2、D1、D0）个转换位。

(4) 最后，片上采样保持电路在第 8 个 I/O CLOCK 周期的下降沿将移出第 6、7、8（D2、D1、D0）个转换位。保持功能将持续 4 个内部时钟周期，然后开始进行 32 个内部时钟周期的 A/D 转换。第 8 个 I/O CLOCK 后，CS 必须为高，或 I/O CLOCK 保持低电平，这种状态需要维持 36 个内部系统时钟周期以等待保持和转换工作的完成。如果 CS 为低时，I/O CLOCK 上出现一个有效干扰脉冲，则微处理器/控制器将与器件的 I/O 时序失去同步；若 CS 为高时出现一次有效低电平，则将使引脚重新初始化，从而脱离原转换过程。

在 36 个内部系统时钟周期结束之前，实施步骤（1）～（4），可重新启动一次新的 A/D 转换，与此同时，正在进行的转换终止，此时的输出是前一次的转换结果而不是正在进行的转换结果。

若要在特定的时刻采样模拟信号，应使第 8 个 I/O CLOCK 的下降沿与该时刻对应，因为芯片虽在第 4 个 I/O CLOCK 时钟下降沿开始采样，却在第 8 个 I/O CLOCK 的下降沿开始保存。

TLC549 与单片机连接电路图见图 7－7。

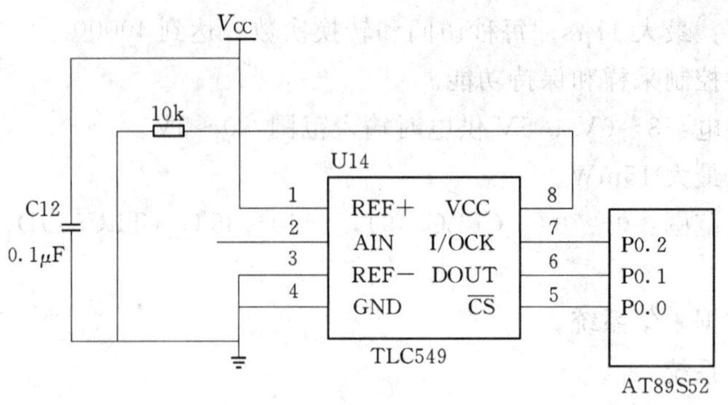

图 7-7　TLC549 与单片机连接电路图

4. 转换参考子程序

```
TLC_CS      BIT    P0.0                  ；P0.0 控制 ADC 片选信号，低电平有效
TLC_DAT     BIT    P0.1                  ；P0.1 控制 ADC 数字信号输出端，接收数据
TLC_CLK     BIT    P0.2                  ；P0.2 连接 ADC 时钟信号
TLC_RST：   SETB   TLC_CS                ；片选置高
LOOP：      ACALL  TLC_549
            AJMP   LOOP
TLC_549：   MOV    R5，  ＃8             ；串行接收 8 位数据，设置接收次数
            CLR    A
            CLR    TLC_CS                ；开启 ADC 开始转换
TLC_LOOP：  MOV    C，   TLC_DAT
            SETB   TLC_CLK
            CLR    TLC_CLK
            RLC    A
            DJNZ   R5，  TLC_LOOP
            SETB   TLC_CS
RET
```

注意：模拟信号转换为数字信号，其大小与 TLC549 所接基准电压和 ADC 转换位数有关，本例中基准电压 V_{REF} 为 5V，ADC 为 n 位（8 位）转换器，则设模拟信号值为 X，数字信号值为

$$Y = X \times (2^n / V_{REF}) = X \times (256/5)$$

如例程中临界电压为 1.4V，则转换为

数字信号＝1.4×（256/5）＝71.68＝47H

（三）伪指令：位定义 BIT

格式：标号　BIT　位地址；将位地址取另外一个标号表示的名字如例程序中：TLC_DAT　BIT　P0.1；表示 P0.1 又取名叫 TLC_DAT，在整个程序中有效。

三、任务操作

步骤 1　手电筒光束导航电路搭建

手电筒光束导航电路如图 7-8 所示。

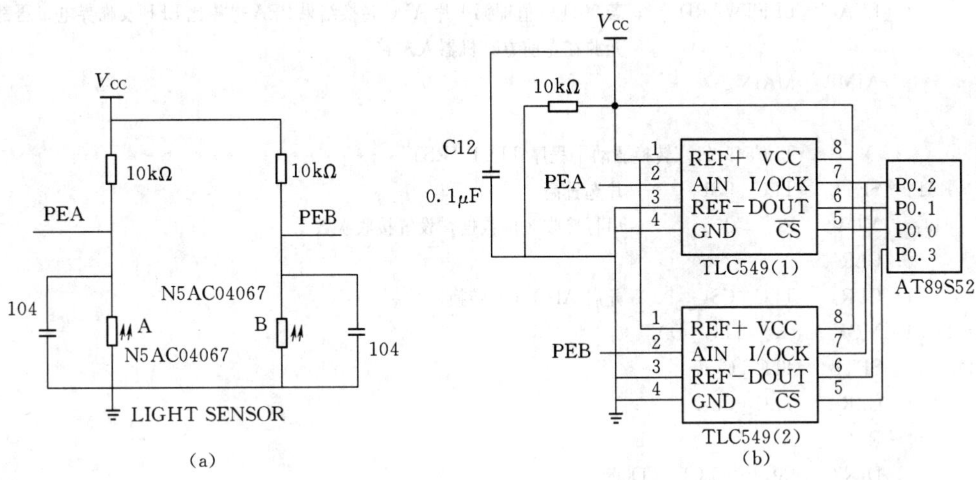

图 7-8　手电筒光导航电路

步骤 2　例程 lightControlledRobot. asm 输入、下载并运行

例程：lightControlledRobot. asm

（1）接通主板和伺服电机的电源。

（2）输入、保存、下载并运行程序 lightControlledRobot. asm。

（3）观察机器人是否随手电筒光束方向行走。

```
TLC_CS1     BIT   P0.0          ；P0.0 控制 ADC1 片选信号，低电平有效，给 P0.0 取名为 TLC_CS1
TLC_CS2     BIT   P0.3          ；P0.3 控制 ADC2 片选信号，低电平有效，给 P0.3 取名为 TLC_CS2
TLC_DAT     BIT   P0.1          ；P0.1 控制两片 ADC 数字信号输出端，接收数据
TLC_CLK     BIT   P0.2          ；P0.2 连接两片 ADC 时钟信号
            ORG   0000H         ；其后面的指令从程序存储器 0000H 单元开始连续存放
            LJMP  MAIN          ；无条件地跳转到标号为 MAIN 的指令处执行程序
MAIN：      ACALL TLC1_RST
            ACALL TLC2_RST
            CLR   C
            CJNE  A，30H，RIGHTLOOP
            LCALL FORWARD       ；若两片 ADC 转换电压结果等，则光源在正前面，机器人前进
            AJMP  MAIN
RIGHTLOOP：JC    LEFTLOOP
            CLR   C
            SUBB  A ，#47H
            JC    MAIN
            LCALL RIGHTWARD     ；若 A 的值即第 2 片 ADC 转换结果 PEB 电压比 PEA 及临界电压都；大，
                                  光源在右前方，机器人右转
            AJMP  MAIN
LEFTLOOP：  CLR   C
            SUBB  30H，#47H
            JC    MAIN
```

```
        LCALL  LEFTWARD     ；若30H的值即第1片ADC转换结果PEA电压比PEB及临界电；压都大，
                              光源在左前方，机器人左转
        AJMP   MAIN

；*************TLC549（1）转换驱动子程序 TLC1_RST *****************
TLC1_RST：  SETB   TLC_CS1      ；片选置高
TLC1_549：  MOV    R0，#8       ；串行接收8位数据，设置接收次数
            CLR    A
            CLR    TLC_CS1      ；开启ADC开始转换
TLC1_LOOP：MOV    C，  TLC_DAT
            SETB   TLC_CLK
            CLR    TLC_CLK
            RLC    A
            DJNZ   R0，  TLC1_LOOP
            SETB   TLC_CS1
            MOV    30H，A       ；将转换的数字结果从A中送给30H保存
RET

；************* TLC549（2）转换驱动子程序 TLC2_RST *****************
TLC2_RST：  SETB   TLC_CS2      ；片选置高
TLC2_549：  MOV    R1，  #8     ；串行接收8位数据，设置接收次数
            CLR    A
            CLR    TLC_CS2      ；开启ADC开始转换
TLC2_LOOP：MOV    C，  TLC_DAT
            SETB   TLC_CLK
            CLR    TLC_CLK
            RLC    A
            DJNZ   R1，  TLC2_LOOP
            SETB   TLC_CS2
            MOV    R7，A        ；将转换的数字结果从A中送给R7保存
RET

；****机器人前进FORWARD、左转LEFTWARD、右转RIGHTWARD子程序****
；请自行补上机器人前进、左转、右转子程序（参照项目2任务5的例程）

END                    ；程序到此结束
```

例程 lightControlledRobot. asm 解读

本例程主要是通过光敏电阻感测光强电压采集电路提供采集电压，比较两个点的电压、临界电压三者之间的大小，并判断光源的位置，控制机器人朝光源方向行走。控制流程见图 7 - 9。

四、拓展训练

（1）请另行设计两片 TLC549 与单片机的连接，并设计相应的控制转换子程序。提

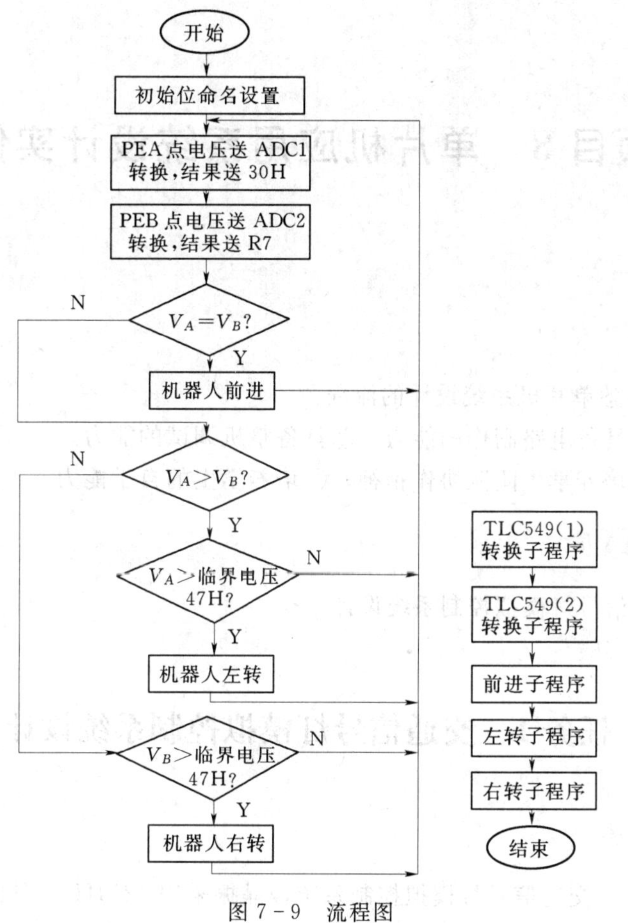

图 7-9 流程图

示：两片 TLC549 的片选可以用同一口线 P0.0 控制，只是在中间加一个逻辑非门即可。

(2) 若环境变化，无光照条件下临界电压也将发生变化，则程序中该如何改动，以适应新环境？

任务3 学 生 实 践

请同学自行完成本项目中的所有任务操作，并调试成功。

项 目 习 题

1. 为什么要研究 MCS-51 单片机与 ADC 的接口电路？
2. A/D 转换器的主要性能指标有哪些？
3. D/A 转换器和 A/D 转换器的性能指标中，精度和分辨率有何区别？
4. 简述 TLC549 的工作原理及各个引脚功能。
5. 试画出单片机与一片 TLC5615 和一片 TLC549 的连接电路，并编程采集 DAC TLC5615 的模拟量数据，再通过 ADC TLC549 输出。

项目8　单片机应用系统设计实例

项目目标

知识目标：熟悉单片机系统设计的流程。

能力目标：①具备电路制作的能力；②具备整机调试的能力。

素质目标：①培养学生团队协作精神；②培养学生的自学能力。

工作任务（载体）

任务1　交通信号灯模拟控制系统设计

任务2　学生实践

任务1　交通信号灯模拟控制系统设计

一、任务描述

用单片机设计以交通信号灯模拟控制系统，晶振采用12MHz，具体要求如下：

（1）在正常情况下，A、B道（A、B道交叉组成十字路口，A是主道，B是支道）轮流放行60s（其中5s用于警告），B道放行30s（其中5s用于警告）。

（2）一道有车而另一道无车（用按键开关S1、S2模拟）时，使有车车道放行。

（3）有紧急车辆通过（用按键开关S0模拟）时，A、B道均为红灯。

二、知识点归纳与讲解

1. 整体设计分析

（1）正常情况下运行主程序，采用0.5s延时子程序的反复调用来实现各种定时时间。

（2）一道有车而另一道无车时，采用外部中断1方式进入与其相应的中断服务程序，并设置该中断为低优先级中断。

（3）有紧急车辆通过时，采用外部中断0方式进入相应的中断服务程序，并设置该中断为高优先级中断，实现中断嵌套。

2. 硬件设计过程

用12只发光二极管模拟交通灯信号，以单片机的P1口控制这12只发光二极管。在P1口与发光二极管之间采用74LS07作驱动电路，口线输出高电平则“信号灯”熄，口线输出低电平则“信号灯”亮，各口线控制功能及相应控制码（P1端口数据）见表8-1。

分别以按键 S1、S2 模拟 A、B 道的车辆检测信号，当 S1、S2 为高电平（不按按键）表示有车；当 S1、S2 为低电平（按下按键）时，表示无车。

表 8-1 控 制 码

P1.7	P1.6	P1.5	P1.4	P1.3	P1.2	P1.1	P1.0	控制码（PI 端口数据）	状态说明
（空）	（空）	B线绿灯	B线黄灯	B线红灯	A线绿灯	A线黄灯	A线红灯		
1	1	1	1	0	0	1	1	F3H	A线放行，B线禁止
1	1	1	1	0	1	0	1	F5H	A线警告，B线禁止
1	1	0	1	1	1	1	0	DEH	A线禁止，B线放行
1	1	1	0	1	1	1	0	EEH	A线禁止，B线警告

S1、S2 相同时属正常情况，S1、S2 不相同时属一道有车而另一道无车的情况，因此产生外部中断 1 的条件应该是：$\overline{INT1}=\overline{S1+S2}$，可用 74266（也可用 74LS86 与 74LS04 组合）来实现，还需将 S1、S2 信号接入单片机，以便单片机查询有车车道，可将其分别接至单片机的 P3.0 口和 P3.1 口。

以按键 S0 模拟紧急车辆通过开关，当 S0 为高电平时属正常情况，当 S0 为低电平时，属紧急车辆通过的情况，直接将 S0 信号接至$\overline{INT0}$脚即可实现外部中断 0 中断。

设计出硬件电路见图 8-1。

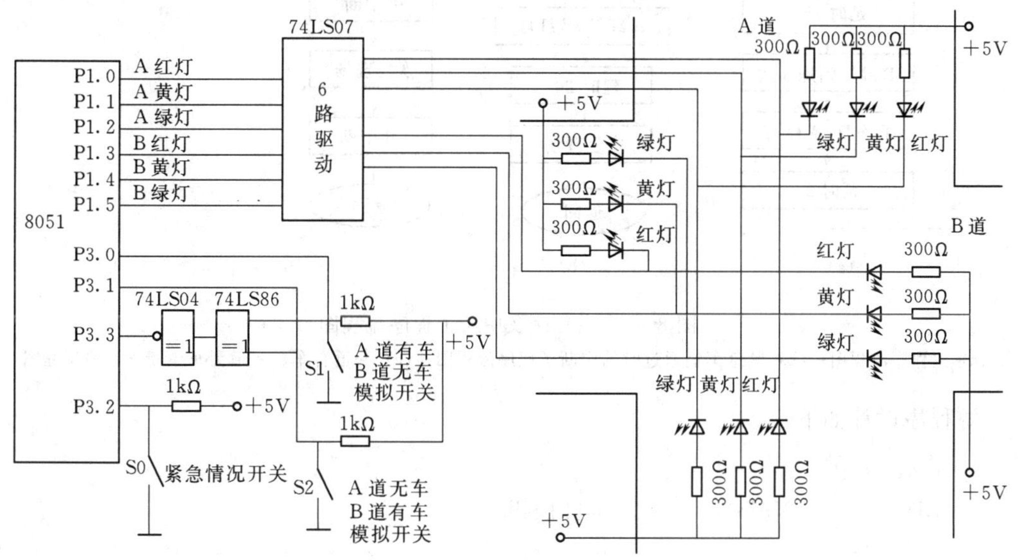

图 8-1　交通灯模拟控制系统电路图

3. 软件设计过程

主程序采用查询方式定时，由 R2 寄存器确定调用 0.5s 延时子程序的次数，从而获取交通灯的各种时间。子程序采用定时器 1 方式 1，查询方式定时，定时器定时 50ms，R3 寄存器确定 50ms 循环 10 次从而获取 0.5s 的延时时间。

一道有车、一道无车时中断服务程序（INT1）：首先要保护现场，因需要用到延时子程序和 P1 口，故需保护的寄存器有 R3、P1、TH1 和 TL1，保护现场还需关中断，以防止高优先级中断出现导致程序混乱，然后开中断，由软件查询 P3.0 和 P3.1 口，判断哪一道有车，再根据查询情况执行相应的服务。待交通灯信号出现后，保持 5s 的延时，然后关中断，恢复现场，再开中断，返回主程序。

主程序及中断子程序流程图见图 8-2。

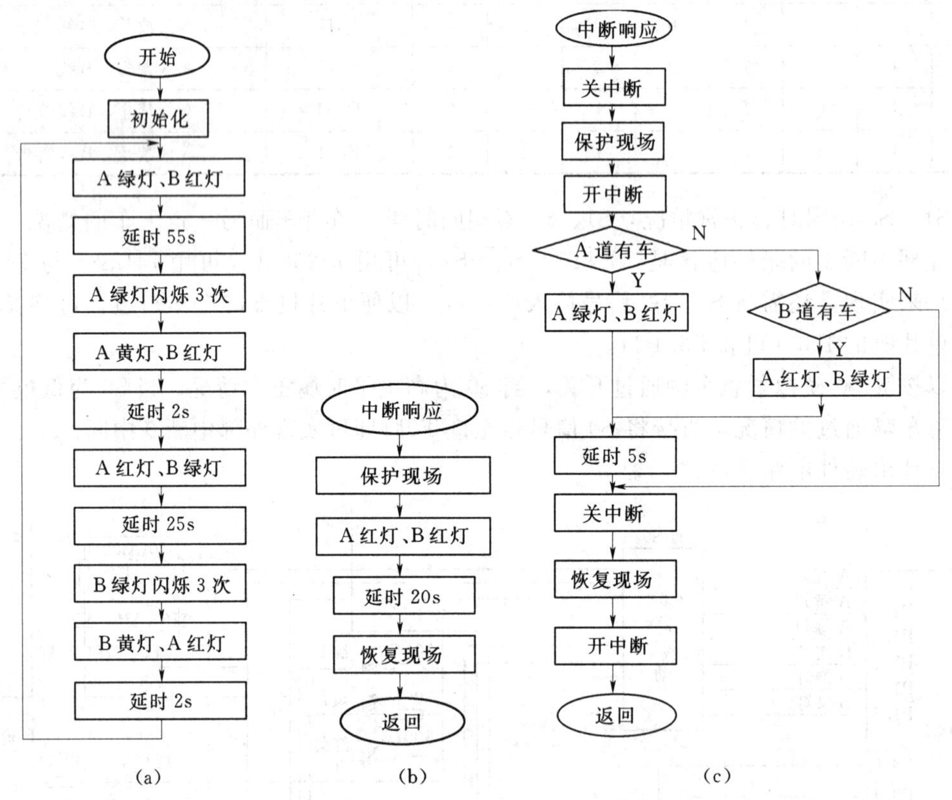

图 8-2 主程序及中断子程序流程图

(a) 主程序流程图；(b) 紧急车辆通过时的中断子程序流程图；(c) 一道有车、一道无车中断子程序流程图

源程序设计如下：

```
        ORG 0000H
        AJMP      MAIN           ；指向主程序
        ORG 0003H
        AJMP      AA0            ；指向紧急车辆出现中断程序
        ORG 0013H
        AJMP      AA1            ；指向一道有车另一道无车中断程序

        ORG 0100H
MAIN：  SETB      PX0            ；置外部中断 0 为高优先级中断
        MOV       TCON，＃00H    ；置外部中断 0，1 为电平触发
```

```
        MOV     TMOD，#10H   ；置定时器1为方式1
        MOV     IE，#85H     ；开CPU中断，开外部中断0，1中断
DISP：  MOV     P1，#0F3H    ；A绿灯放行，B红灯禁止
        MOV     R2，#6EH     ；置0.5s循环次数
DISP1： ACALL   DELAY        ；调用0.5s延时子程序
        DJNZ    R2，DISP1    ；55s不到继续循环
        MOV     R2，#06H     ；置A绿灯闪烁循环次数
WARN1：CPL      P1.2         ；A绿灯闪烁
        ACALL   DELAY
        DJNZ    R2，WARN1    ；闪烁次数未到继续循环
        MOV     P1，#0F5H    ；A黄灯警告，B红灯禁止
        MOV     R2，#04H
YEL1：  ACALL   DELAY
        DJNZ    R2，YEL1     ；2s未到继续循环
        MOV     P1，#0DEH    ；A红灯，B绿灯
        MOV     R2，#32H
DISP2： ACALL   DELAY
        DJNZ    R2，DISP2    ；25s未到继续循环
        MOV     R2，#06H
WARN2：CPL      P1.5         ；B绿灯闪烁
        ACALL   DELAY
        DJNZ    R2，WARN2
        MOV     P1，#0EEH    ；A红灯，B黄灯
        MOV     R2，#04H
YEL2：  ACALL   DELAY
        DJNZ    R2，YEL2
        AJMP    DISP         ；循环执行主程序

/*有紧急车辆通过时的中断子程序*/
AA0：   PUSH    P1           ；P1口数据压栈保护
        PUSH    03H          ；R3寄存器压栈保护
        PUSH    TH1          ；TH1压栈保护
        PUSH    TL1          ；TL1压栈保护
        MOV     P1，#0F6H    ；A，B均为红灯
        MOV     R5，#28H     ；置0.5s循环初值
DELAY0：ACALL   DELAY
        DJNZ    R5，DELAY0   ；20s未到继续循环
        POP     TL1          ；弹栈恢复现场
        POP     TH1
        POP     03H
        POP     P1
        RETI                 ；返回主程序

/*一道有车一道无车时的中断子程序*/
```

```
AA1:    CLR     EA              ;关中断
        PUSH    P1              ;压栈保护现场
        PUSH    03H
        PUSH    TH1
        PUSH    TL1
        SETB    EA              ;开中断
        JNB     P3.0,BP         ;A道无车转向
        MOV     P1,#0F3H        ;A绿灯,B红灯
        SJMP    DELAY1          ;转向5s延时
BP:     JNB     P3.1,EXIT       ;B道无车推出中断
        MOV     P1,#0DEH        ;A红灯,B绿灯
DELAY1: MOV     R6,#0AH         ;置0.5s循环初值
NEXT:   ACALL   DELAY
        DJNZ    R6,NEXT         ;5s未到继续循环
EXIT:   CLR     EA
        POP     TL1             ;弹栈恢复现场
        POP     TH1
        POP     03H
        POP     P1
        SETB    EA
        RETI
DELAY:  MOV     R3,#0AH         ;延时0.5s子程序
        MOV     TH1,#3CH        ;置延时50ms定时器初值
        MOV     TL1,#0B0H
        SETB    TR1             ;启动定时器
LP1:    JBC     TF1,LP2         ;查询计数溢出
        SJMP    LP1             ;未溢出则继续计数
LP2:    MOV     TH1,#3CH        ;重新置定时器初值
        MOV     TL1,#0B0H
        DJNZ    R3,LP1
        RET
        END
```

三、任务操作

步骤1 交通信号灯模拟控制系统硬件电路搭建

交通信号灯模拟控制系统硬件电路如图8-1所示，准备相应电子元件并搭建电路。

步骤2 交通信号灯模拟控制系统程序编写及调试

将参考程序输入到Keil软件并调试正确无误后下载到单片机中。

步骤3 整机调试

检查硬件电路无误后，接通电源，运行程序观察效果。

四、拓展训练

如何改进电路及程序设计，利用LED数码管实时显示交通红、绿灯亮的时间（倒计

时)?

任务2 学 生 实 践

请同学自行完成本项目中的所有任务操作，并调试成功。

项 目 习 题

1. 请自行设计日常生活中所使用的万年历，能显示日期、星期并能修改时间，且能设置闹钟。

2. 请自行设计水温控制报警系统。

附录A　单片机C51语言程序设计知识简介

一、C51语言概述

1. C51语言

在单片机开发中，汇编语言可读性和可维护性不强，代码可重用性较低，移植性较差。编程前必须考虑存储器结构，尤其要考虑内部数据存储器与特殊功能寄存器正确合理地使用以及按实际地址处理端口数据。

用C语言编写程序比用汇编语言更贴近人们的思维习惯，程序员不必十分熟悉处理器的运算过程，可以使程序员尽量少的对硬件进行操作。C语言是一种功能性和结构性很强的语言，很多处理器都支持C编译器，程序员对新的处理器也能很快上手，而不必知道处理器的具体内部结构。除了对时钟要求严格的，需要使用汇编语言或者汇编与C51混合编程外，其余情况包括硬件接口操作都可使用C语言编写。

MCS-51系列单片机的C语言编程，一般称为C51语言编程。C51语言编译器很多，目前使用最为广泛的是德国Keil公司的Keil C51编译器，其被嵌入到了Keil uVision集成环境中，现在已有汉化版本。

C51语言与标准C语言程序的不同之处在于，C51语言根据单片机存储结构及内部资源定义相应的C语言中的数据类型和变量，其他语法规定、程序结构及程序设计方法与标准C语言相同。

2. C51程序的基本构成

C51程序构成与C语言程序基本相同，源程序文件扩展名为.c。

下面看一个C51编程实例，外部中断0引脚（P3.2）接一个开关，Pl.0接一个发光二极管。开关闭合一次，触发外部中断使发光二极管改变一次状态。

```
#include<reg51.h>                    //包含编译器自带的头文件
#include<intrins.h>
void delay (void)                    //用户自定义的延时函数
{
  int a=5000;
  while (a--)
   _nop_ ();
}
void int _ srv ( void) interrupt 0 using 1       //用户自定义的中断服务函数
  }
  delay ();
```

```
  if (INTO==0)
    ; P10=! P10;
      while (INTO==0)
      ;}
}
void main ()                                      //主函数
  {
   P10=0;
   EA=1;
   EX0=1;
while (1)
;}
```

通过上面的实例可以得出如下结论：

(1) C语言是由函数构成的，main主函数是程序的入口，主函数中所有的程序执行完毕，则程序执行完毕。

(2) 被调用的函数分为两类：编译器定义的库函数和用户根据自己需要编制自定义的函数。对于库函数，编程时用include预处理指令将头文件包含在用户文件中，直接调用即可。例如通过书写“＃include＜reg51. h＞”，可实现 _ nop _ () 代表空操作。

(3) 一个函数由两部分组成：函数说明部分和函数体。函数说明部分包括函数名、函数类型、函数属性、函数参数名、形式参数类型，一个函数名后面必须跟一个圆括号，函数参数可以没有，如main ()；函数说明部分下面最外层的一对{}为函数体的范围，包括变量定义和执行语句。

(4) C程序书写格式自由，一行内可以写几个语句，一个语句可分写在多行上，C程序无行号。

(5) 每个语句和数据定义的最后必须有一个分号，不可省略，即使是程序中最后一个语句也应包含分号。

(6) 可以用//……对C程序中的任何部分作注释。

二、C51的数据结构

用C51编写的应用程序，虽不像用汇编语言那样具体地组织、分配存储器资源和处理端口数据，但对数据类型与变量的定义，必须要与单片机的存储结构相关联，否则编译器不能正确地映射定位。

(一) C51的数据类型

C51的数据类型可分为四种。与标准C数据类型的最大不同之处是增加了位型。

(1) 基本类型：包括位型 (bit)、字符型 (char)、整型 (int)、长整型 (long)、浮点型 (float)、双精度浮点型 (double)。

(2) 构造类型：数组类型 (array)、结构体类型 (struct)、共用体 (union)、枚举 (enum)。

(3) 指针类型 (＊)。

(4) 空类型。

Keil C51 具体支持的数据类型如表 A-1 所示。

表 A-1　　Keil C51 支持的数据类型

数据类型	长度（bit）	长度（B）	值域范围
unsigned char	8	1	0～255
signed char	8	1	－128～127
unsigned int	16	2	0～65535
signed int	16	2	－32768～32767
unsigned long	32	4	0～4294967295
signed long	32	4	－2147483648～＋2147483647
float	32	4	＋1.175494E－38～＋3.402823E＋38
一般指针	24	3	0～65535
bit	1	—	0，1
sfr	8	1	0～255
sfr16	16	2	0～65535
sbit	1	—	0，1

（二）C51 的常量与变量

C51 中的数据有常量和变量之分。

1. 常量

在程序运行的过程中，其值不能改变的量称为常量，可以有不同的数据类型。如 0、1、2、－3 为整型常量；4、6、－1.23 等为实型常量；“a”、“b”为字符型常量。

2. 变量

在程序运行中，其值可以改变的量称为变量。每一个变量都在内存中占据一定的存储单元（地址），并在该内存单元中存放该变量的值。

(1) 位变量（bit）。该变量的类型是位，值可以是 1（ture）或 0（false）。与 8051 单片机硬件特性操作有关的位变量必须定义在内部存储区（RAM）的可位寻址空间中。

(2) 字符变量（char）。字符变量的长度为 1B，即 8 位，很适合 8051 单片机，因为 8051 单片机每次可处理 8 位数据，除非指明是有符号变量（signed char），字符变量的值域范围是 0～255。对于有符号的变量，最具重要意义的位是最高位上的符号标志位（msb），在此位上，1 代表“负”，0 代表“正”。

(3) 整型变量（int）。整型变量的长度为 16 位，8051 系列 CPU 将 int 型变量的 msb 存放在低地址字节。有符号整型变量也使用 msb 作为标志位，并使用二进制的补码表示数值，可直接使用几种专用的机器指令来完成多字节的加、减、乘、除运算。

(4) 长整型变量（long int）。长整型变量的长度是 32 位，占用 4 个字节（Byte），其他方面与整型变量相似。

(5) 浮点型变量（float）。浮点型变量为 32 位，占 4B，许多复杂的数学表达式都采用浮点变量数据类型。它用浮点位表示数的符号，用阶码和尾数表示数的大小。用其进行任何数学运算都需要使用由编译器决定的各种不同效率等级的库函数。

【例 A-1】 分析如下程序，体会变量与常量的应用。

```
#define CONST 60
main ()
  {
  int variable, result;
  variable=20;
  resule=variable*CONST;
  print ("result=%d\n", result);
  }
```

程序运行结果：resule＝1200。

程序开头的"#define CONST 60"定义了一个符号常量 CONST，在后面的程序中凡是出现 CONST 的地方，都代表常量 60。variable 和 result 是变量，数据类型为整型(int)。

注意：符号常量和变量的区别在于，符号常量的值在其作用域中，不能改变，也不能用等号赋值。习惯上，总将符号常量名用大写，变量用小写，以示区别。

（三）C51 数据的存储类型

Keil C51 编译器完全支持 MCS-51 单片机的硬件结构，可完全访问硬件系统的所有部分。该编译器通过将变量、常量定义成不同的存储类型的方法，将它们定义在不同的存储区中。Keil C51 编译器所能识别的存储类型如表 A-2 所示。

表 A-2　　Keil C51 编译器所能识别的存储类型

存储类型	说明
DATA	直接寻址内部数据存储区，访问速度快
IDATA	间接寻址内部数据存储区，可访问片内全部 RAM 地址空间
PDATA	分页寻址外部数据存储区，由"MOVX@Ri"访问
CODE	代码存储区，由"MOVC@DPTR"访问
XDATA	外部数据存储区，由"MOVX@DPTR"访问
BDATA	可位寻址内部数据存储区，允许字节与位混合访问

当使用存储类型 DATA、BDATA 定义常量和变量时，C51 编译器会将其定位在内部数据存储区中（内部 RAM），这个存储区根据 MCS-51 单片机 CPU 型号的不同，其长度分别为 64B、128 B、256B、512B。存储区不是很大，但能快速收发各种数据，外部数据存储器从物理上来说属于单片机的一个组成部分，但用这种存储器存放数据，在使用前必须将其移到内部数据存储区中。内部数据存储区是存放临时性传递变量或使用频率较高的变量的理想场所。

当使用 CODE 存储类型定义数据时，C51 编译器会将其定义在代码空间（ROM 或 EPROM），这里存放着指令代码和其他非易变信息。调试完成的程序代码被写入 MCS-51 单片机的内部 ROM/EPROM 或外部 EPROM 中。在程序执行过程中，不会有信息写入这个区域，因为程序代码不能进行自我改变。

当使用XDATA存储类型定义常量、变量时，C51编译器会将其定位在外部数据存储空间（外部RAM），该空间位于片外附加的8KB、16KB、32KB或64KB RAM芯片中（如常用的6264，62256等），其最大可寻址范围为64KB。在使用外部数据区的信息之前，必须用指令将其移动到内部数据区中，当数据处理完之后，将结果返回到外部数据存储区，片外数据存储区主要用于存放不常使用的变量，或收集等待处理的数据，或存放要被发往另一台计算机的数据。

PDATA存储类型属于XDATA类型，其一字节地址（高8位）被妥善保存在P2口中，用于I/O操作。IDATA存储类型可以间接寻址内部数据存储器（可以超过127B）。

访问内部数据存储器（DATA，B－DATA，IDATA）比访问外部数据存储器（XDATA，PDATA）相对要快一些，因此可将经常使用的变量置于内部数据存储器中，而将规模较大的、或不常使用的数据置于外部数据存储器中。C51存储类型及其大小和值域如表A－3所示。

表A－3　　存储类型及其大小和值域

存储类型	长度（bit）	长度（B）	值域范围
DATA	8	1	0～255
IDATA	8	1	0～255
PDATA	8	1	0～255
CODE	16	2	0～65535
XDATA	16	2	0～65535

（四）C51定义sfr字节和位单元

定义使用关键字sfr和shit。

1. 定义sfr字节单元

例如：

```
sfr PSW=OxDO;          //定义程序状态字PSW的地址为DO H
sfr TMOD=0x89 ;        //定义定时/计数器方式控制寄存器TMOD的地址为89H
sfr PI=0x90;           //定义P1口的地址为90H
```

2. 定义可位寻址的sfr位

例如：

```
sbit CY=OxD7;          //定义进位标志CY的地址为D7 H
sbit AC=OxDO^6;        //定义辅助进位标志AC的地址为D6 H
sbit RSO=OxDO" 3;      //定义RSO的地址为D3 H
```

标准的sfr在reg51. h、reg52. h等头文件中已经被定义，只要用#include将头文件包含做出申明即可使用。例如：

```
#include<reg51.h>
sbit P10=P^0;
```

```
sbit P12=P1^2;
main ()
{
    P10=1;
    P12=0;
    PSW=0x08;
    ……
}
```

3. 定义位变量

例如：

```
bit lock;                    //将 lock 定义为位变量
bit dirention;               //将 direction 定义为位变量
```

注意：不能定义位变量指针；也不能定义位变量数组。

（五）C51 定义并行口

单片机内部并行口用 sfr 定义，外部并行口用指针定义，指针的定义在 absacc. h 头文件中。例如：

```
#include<absacc. h>
#define PA XBYTE [Oxffec]
main ()
{
PA=Ox3A;          //将数据 3AH 写入地址为 Oxffec 的存储单元或 I/O 端口//
}
```

三、C51 运算符、表达式及其规则

1. 算术运算符及其表达式

算术运算符如下。

＋（加法运算符，或正值符号）

－（减法运算符，或负值符号）

＊（乘法运算符）

/（除法运算符）

％（模/求余运算符）

2. 算术表达式

用算术运算符和括号将运算对象连接起来的式子称为算术表达式。运算对象包括常量、变量、函数、数组、结构等。

例如：a＋b、a＋b＊c/d、a＊（b＋a）－（b－d）/f 等。

算术运算符的优先级为：先乘（＊）、除（/）、求余（％），后加（＋）、减（－），括号最优先。

3. 关系运算符

＜（小于）

＞（大于）

＜＝（小于或等于）

＞＝（大于或等于）

＝＝（测试等于）

！＝（测试不等于）

前四种关系运算符优先级相同，后两种也相同，但前四种的优先级高于后两种；关系运算符的优先级低于算术运算符；关系运算符的优先级高于赋值运算符。

4. 逻辑运算符

C51 提供三种逻辑运算符。

&&　　逻辑与（AND）

||　　逻辑或（OR）

!　　逻辑非（NOT）

其中“&&”和“||”是双目运算符，要求有两个运算对象，而“!”是单目运算符，即只有一个运算对象。

C51 逻辑运算符与算术运算符、关系运算符、赋值运算符之间优先级的次序如下：逻辑非运算符优先级最高，算术运算符次之，关系运算符再次之，&& 和 || 再次之，最低为赋值运算符。

5. 位操作符

C51 提供了如下位操作运算符：

&　　按位与

|　　按位或

^　　按位异或

～　　按位取反

＜＜　　位左移

＞＞　　位右移

除按位取反运算符以外，以上位操作运算符都是两目运算符，即要求运算符两侧各有一个运算对象。位运算符只能是整型或字符整型，不能为实型数据。

6. 自增减及复合运算符

自增减运算符的作用是使变量值自动加 1 或减 1。如：＋＋i，－i，i＋＋，i－－。

自增减运算只能用于变量而不能用于常量表达式。（＋＋）（－）的结合方向是“自右向左”。

凡是二目运算符，都可以与赋值运算符“＝”一起组成复合运算符，C51 共提供了 10 种复合运算符，即：＋＝，－＝，＊＝，/＝，%＝，＜＜＝，＞＞＝，&＝，|＝，^＝，。例如：a＋＝5 等同于 a＝a＋5。

四、C51 函数

在高级语言中，函数和“子程序”、“过程”很相似，都是描述同样的事情，都含有以同样的方法重复地去做某件事的意思，在 C51 中使用“函数”这个术语。主程序 main ()

可以根据需要用来调用函数。当函数执行完毕时，就发出返回（return）指令，而主程序 main（）用后面的指令来恢复主程序流的执行，同一个函数可以在不同的地方被调用，并且函数可以重复使用。

（一）函数的分类

C语言函数分为主函数 main（）和普通函数两种，对于普通函数，从用户使用的角度又划分为标准库函数和用户自定义函数。

1. C51库函数

C51编译器提供了丰富的库函数，使用这些库函数可大大提高编程效率，用户可以根据需要随时调用。每个库函数都在相应的头文件中给出了函数的原型，使用时只需在源程序的开头用编译预处理命令＃include将相关的头文件包含进来即可。

例如，要进行绝对地址访问，只需要在程序开头使用"＃include＜absacc. h＞"将头文件包含即可。要访问SFR和SFR的位，则只需要在程序开头使用"＃include＜reg51. h＞或＃include＜reg52. h＞"将头文件包含即可。

2. 用户自定义函数

用户自定义函数是根据需要编写的函数。从其定义形式上划分三种形式：无参数函数、有参数函数和空函数。

（1）无参数函数此种函数在被调用时，既无参数输入，也不返回结果给调用函数，它是为完成某种操作而编写的。

（2）有参数函数在被定义时，必须定义与实际参数一一对应的形式参数，并在函数结束时返回结果供调用该函数使用；调用时，必须提供实际的输入参数。

（3）空函数此种函数体内无语句，是空白的。调用此种空函数时，什么工作也不做，不起任何作用，定义此种函数的目的并不是为了执行某种操作，而是为了以后程序功能的扩充。在程序的设计过程中，往往根据需要确定若干模块，分别由一些函数来实现。而在程序设计的第一阶段，往往只设计最基本的功能模块的函数，其他模块的功能函数，则可以在以后补上。为此先将这些非基本模块的功能函数定义成空函数，预留空位，以后再用一个编好的函数代替。

（二）函数的定义

C51函数的定义形式为：

```
返回值类型 函数名（形式参数列表）
{
函数体语句
}
```

无参数函数一般不带返回值，因此函数返回值类型识别符可以省略；空函数的函数体语句部分为空。

（三）函数的参数值和函数值

C语言采用函数之间的参数传递方式，使一个函数能对不同的变量进行功能相同的处理，从而大大提高了函数的通用性和灵活性。

函数之间的参数传递是在函数调用时，通过主调用函数的实际参数与被调用函数的形式参数之间进行数据传递来实现。

被调用函数的最后结果由被调用函数的 return 语句返回给调用函数。

1. *形式参数和实际参数*

形式参数在定义函数时，函数名后面括号中的变量名称为形式参数，简称形参。

实际参数在函数调用时，主调用函数名后面括号中的表达式称为实际参数。

以求两个数的最大公约数程序为例加以说明。

```
    #include<stdio. h>
int gcd (u, v)
    int u, v;
    }
      int temp;
    while (v! =0)
    }
      temp=u%v;
        u=v;
      v=temp;
    }
    return (二);
    }
    main ()
      {
int result, a=150, b=35;
    print ( "a=%d, b=%d", a, b)
    result=gcd (a, b);
    print ( "The gcd of%d and%d is%d \ n", a, b, result);
    }
```

程序运行结果：

```
a=150, b=135
The gcd of 150 and 35 is 5
```

程序中，函数说明语句“int gcd (u, v)”的括号中的变量 u、v 即为该函数的被调用函数的形式参数。而在主函数 main () 中的“result=gcd (a, b)”语句括号中的变量 a、b 则是调用函数的实际参数。该语句在调用 gcd () 函数的同时，将已赋值的实际参数 a、b 传递给 gcd (u, v) 函数的形式参数 u、v，由 gcd 函数用 u、v 进行运算。

在 C 语言的函数调用中，实际参数与形式参数之间的数据传递是单向进行的。只能由实际参数传递给形式参数，而不能由形式参数传递给实际参数。

实际参数与形式参数的类型必须一致，否则会发生类型不匹配的错误。被调用函数的形参数在函数未被调用之前，并不占用实际内存单元。只有当函数调用发生时，被调用函数的形式参数才被分配给内存单元，此时内存中调用函数的实际参数和被调用函数的形式参数位于不同的单元中。在调用结束后，形式参数所占有的内存被系统释放，而实际参数所占有的内存单元仍然保留并维持原值。

2. 函数的返回值

主调用函数 main () 在调用有参数函数 gcd () 的时候，将实际参数 a、b 传递给被调用函数的形式参数 u、v，然后，被调用函数 gcd () 使用形式参数 u、v 作为输入变量进行运算，所得结果通过返回语句“return u”返回给主函数，并在主函数的“result＝gcd (a，b)”句中通过等号赋值给变量 result，这个“return u”中 u 变量值就是被调用函数的返回值，简称函数的返回值。

函数的返回值是通过函数中的 return 语句获得的。一个函数可以有一个以上的 return 语句，但多于一个的 return 语句必须在选择结构 (if 或 do/case) 中使用，因为被调用函数一次只能返回一个变量值。

(四) 中断服务函数的定义

1. 定义中断函数的一般形式

C51 编译器专门扩展了关键字 interrupt 和 using，用于定义中断服务函数。其一般定义格式如下。

函数类型函数名 (形参表) [interrupt m] [using n]

interrupt 是函数定义时的一个选项，加上此选项即可将一个函数定义为中断服务函数。interrupt 后面的 m 是中断号，m 的取值范围是 0～31，(8m ＋3) H 即为该中断的入口地址。中断号 m、中断源以及中断人口地址对应关系如下：

0 外部中断 0003H

1 定时器 000BH

2 外部中断 0013H

3 定时器 001 BH

4 串行口 0023 H

using 后面的 n 用于定义函数使用的工作寄存器组，n 可定义为 0～3 的常整数，可分别选中 8051 单片机的四个工作寄存器组。using 是一个可选项，若不用此项，则由编译器自动选择一个寄存器组使用。

关键字 using 和 interrupt 的后面都不允许跟带运算符的表达式。

2. 使用中断函数的注意事项

(1) 中断函数不能进行参数传递。

(2) 中断函数没有返回值，故一般定义成 void 类型。

(3) 在任何情况下，都不能直接调用中断函数。

(4) 如果中断函数中调用了其他函数，则被调用函数所使用的寄存器组必须与中断函数相同。

(五) 函数的调用

1. 调用的一般形式

(1) 函数名 (实际参数表列)。

(2) 对于有参数函数，若包含多个实际参数，则应将各参数之间用逗号分开。主调用函数的实际参数的数目与被调用函数的形式参数的数目应该相等。实际参数与形式参数按实际顺序一一对应传递数据。

(3) 如果调用的是无参数函数，则实际参数表可以省略，但函数名后面必须有一对空括号。

2. 调用方式

主调用函数对被调用函数的调用可以有以下三种方式。

(1) 函数调用语句即把被调用函数名作为主调用函数中的一个语句。

例如：print _ message ()；

此时并不要求被调用函数返回结果数值，只要求函数完成某种操作。

(2) 函数结果作为表达式的一个运算对象，此时被调用函数以一个运算对象的身份出现在一个表达式中。这就要求被调用函数带有 return 语句，以便返回一个明确的数值参加表达式的运算。

例如：result＝2×gcd (a，b)；

被调用函数 gcd 为表达式的一部分，其返回值乘 2 再赋给变量 result。

(3) 函数参数即被调用函数作为另一个函数的实际参数。

例如：m＝max (a，gcd (u，v))；

其中，gcd (u，v) 是一次函数调用，其值作为另一个函数调用 max () 的实际参数之一，最后的 m 变量值为 u、v 的最大公约数和 a 两者之中较大的一个。

3. 对被调用函数的说明

在一个函数中调用另一个函数必须具备以下条件。

(1) 被调用函数必须是已经存在的函数（库函数或用户自定义函数)。

(2) 如果程序中使用了库函数，或不在同一文件中的另外的自定义函数，则应该在程序的开头处使用＃include 包含语句，将所用的函数信息包括到程序中来。

例如：＃include<stdio. h>，表示将标准输入、输出头文件（在函数库中）包含到程序中来，“＃include<math. h>”表示将函数库中专用数学库的函数包含到程序中来。在程序编译时，系统就会自动将函数库中的有关函数调入到程序中去，编译出完整的程序代码。

(3) 如果被调用函数出现在主调用函数之后，一般应在主调用函数中，在对被调用函数调用之前，对被调用函数的返回值类型做出说明；如果被调用函数出现在主调用函数之前，可以不对被调用函数加以说明。

4. 嵌套调用

在 C 语言中，函数的定义都是相互独立的，即在定义函数时，一个函数的内部不能包含另一个函数。尽管 C 语言中函数不能嵌套定义，但允许嵌套调用函数。也就是说，在应用一个函数的过程中，允许调用另一个函数。当程序变得越来越复杂的时候，为了使一个函数内的源程序限制在 60 行以内，以提高可读性，在一个函数内应将嵌套调用的层次限制在 4～5 层以内。有些 C 编译器对嵌套的深度有一定限制，但这样的限制并不苛刻，就 MCS－51 系列单片机而言，它对函数嵌套调用层次的限制是由于其内部 RAM 中缺少大型堆栈空间所致。每次调用都将使 MCS－51 系统把 2B 数据（返回程序计数器的地址）压入内部堆栈，C 编译器通常依靠堆栈来频繁地进行参数传递。

5. 递归调用

在调用一个函数的过程中，又直接或间接的调用该函数本身，这种情况称为函数的递归调用。下面以计算一个数的阶乘为例来说明函数的递归调用。

一般说来，任何大于0的正整数n的阶乘等于n乘以（n－1）的阶乘，即n！＝n（n－1)！。用（n－1)！的值来表示n！的值的表达式就是一种递归调用，因为一个阶乘的值是以另一个阶乘的值为基础的。采用递归调用求正整数n的阶乘的程序如下。

```
int factorial (n)
    int n
  {int result;
   If (n==0)
        result=1;
          else
   reslut=n*factorial (n-1);
   return (rcsult);
  }
main ()
  {
   int j;
   for (i=0; j<11; ++j)
   print ("%d! =%d\n", j, factorial (j));
 }
```

在程序 factorial（）函数中，包含着对它自身的调用，使该函数成为递归型函数。

五、C51 语言编程实例

（一）简单 C51 语言程序设计

【例 A－2】 通过 P1.7 口点亮发光二极管，然后外部输入一脉冲序列，则发光二极管、暗交替，电路如图 A－1 所示，编写 C51 程序实现要求功能。

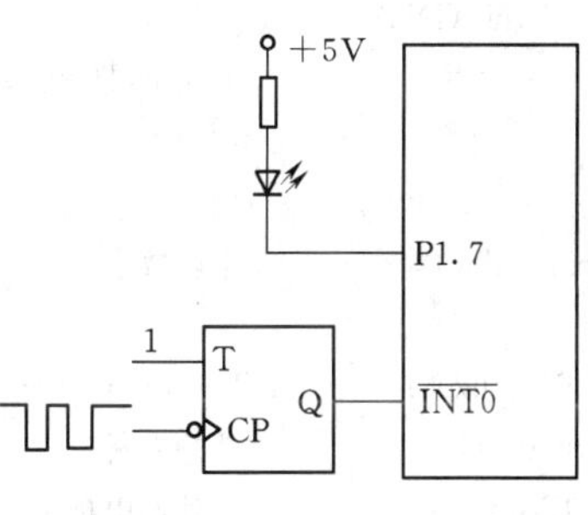

图 A－1　例题 A－2 图

```
#include<reg51.h>
sbit P1_7=PI^7
void interrupt0 () interrupt 0 using 2  //定义外部中断0。服务程序
 {P1_7=! P1_7;}
void main ()
 {
  EA=1;          //开中断
  IT0=1;         //外部中断0低电平触发
  EX0=1;         //外部中断0
  P1_7=0;
  do {}
```

```
while (1);
}
```

（二）用 C51 语言实现中断程序设计

【例 A－3】 如图 5－5 所示，将例 5－2 要求完成的中断程序功能用 C51 语言编程实现。

C 程序如下：

```
#include < reg51. h>   //包含编译器自带的头文件
#include<intrins. h>
void delay(void)           //用户自定义的延时函数
 {
  int a=5000;
  while(a- -)
  _nop_();
 }
void int _srv ( void) interrupt 0 using 1     //用户自定义的中断服务函数
 {
  delay();
  if(INT0==0)
    {P10=! P10;
  P1=0x0f;    //P1 低 4 位置 1,准备读入数据;高 4 位请 0,熄灭发光二极管
  P1=P1<<4; //读入 P1.0～P1.3 状态,左移 4 位从 P1.4～P1.7 输出,驱动二极管

 while(INT0==0)
 ;              //如果 INTO 引脚持续为低电平,则循环空操作
 }
}
void main()          //主函数
 {
  P1 =0x00;          //P1 口发出 00H,熄灭所有发光二极管
  EA0=1;             //开总中断
  EX0=1;             //开外部中断 0
  while(1)
  ;                  //等待中断
}
```

（三）用 C51 语言编写键盘扫描程序

【例 A－4】 用 C51 编写 4×4 键盘的扫描程序。如图 A－2 所示，89C51 单片机的 P1 口作键盘接口，P1.0～P1.3 作键盘的列扫描输出线，P1.4～P1.7 作行检测输入线。

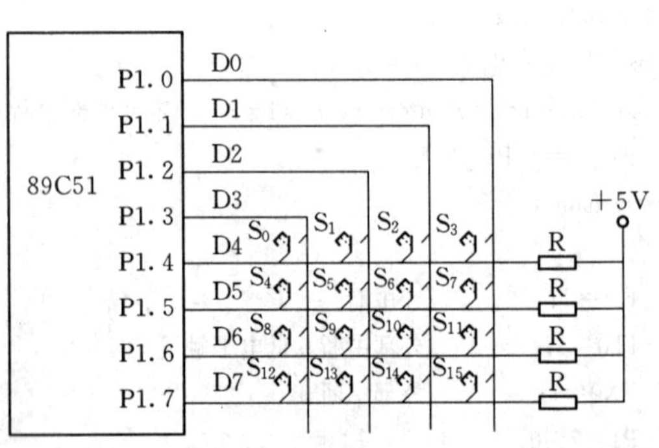

图 A－2　例题 A－4 图

C 程序如下：

```
#include<reg51 . h>
```

```
#define uchar unsigned char
#define uint ussigned int
void dlms (void);
uchar kbscan (void);
void main (void) //主函数
{
 uchar key;
 while (1)
  {
     Key=kbscan (); //调用键扫描函数得到键值
       dlms ();
  }
 }
void dlms (void)        //延时函数
 {
  uchar i;
  for (i=200; i>0; i--)
       {}
 }
uchar kbscan (void)                                   //键扫描函数
 {
  uchar sccode, recode;
  P1=0xf0;                                            //发全"0"行扫描码，列线输入
  if ( (P1 &0xf0)! =0xf0)                             //若有键按下
      {dlms ();                                       //延时去抖动
      if ( (P1 &0xf0)! =0xf0)
          {sccode=0xfe ;                              //逐行扫描初值
           while ( (sccode&0x10)! =0)
            {P1=sccode;                               //输出行扫描码
             if ( (P1&0xf0)! =0xf0)                   //本行有键按下
              {recode= (P1 &0xf0) | 0x0f;
               return ( (~sccode) + (~recode)); //返回特征字节码
               }
              else
         sccode= (sccode<<1) | 0x01;                  //行扫描码左移一位
          }
     }
  }
return (0)                                            //无键按下，返回值为0
}
```

（四）C51语言与汇编语言的混合编程

为了发挥C51语言和汇编语言各自的优点，常需要将两者进行混合编程。一般情况下，由于C51具有很强的数据处理能力，编程中对51单片机寄存器和存储器的分配由编

译器自动完成，因此常用 C51 编写主程序及一些运算较复杂的程序。而汇编语言对硬件的控制较强，运行速度快，灵活性更强，因此常用汇编语言实现与硬件接口及对时间要求高的子程序设计。在此以 Keil C51 编译环境为例，简单介绍 C51 与汇编语言混合编程的方法。

实现 Keil C51 与汇编语言的混合编程，一般有两种模式：①在 C51 中内嵌汇编语句；②在 C51 文件中调用汇编语言写成的与 C51 函数类似的独立程序。

（1）直接在 C51 函数体内的每个汇编语句前加 asm 关键字；也可将 asm 放于一对花括号前面，而后续的所有汇编语句用该花括号括起来即可。

【例 A-5】 下面是用户自定义 C51 函数 reset _ data 内嵌 3 行汇编语句的书写形式。

```
void reset _ data (void)          //自定义 C51 函数
{
asm      MOV R1, #OAH             //汇编语句
asm LOOP: INC A                   //汇编语句
asm      DJNZ R1, LOOP            //汇编语句
return;
}
```

【例 A-6】 下面是用户自定义 C51 函数 reset _ data 内嵌 3 行汇编语句的另一种书写形式。

```
void reset _ data (void)
{
  asm                             //汇编语句开始标志
  {                               //汇编语句开始
          MOV R1, #OAH
    LOOP: INC A
          DJNZ R1, LOOP
  }                               //汇编语句结束
  return;
  }
```

（2）在 C51 中也可以通过直接插入“#pragma asm/endasm”关键字，实现汇编语言程序的内嵌。其内嵌格式为：

```
#pragma asm
汇编语句
#pragma endasm
```

【例 A-7】 下面用 C51 编写的 main 主程序中嵌入了一个汇编语言程序块。

```
#include<reg51.h>
sbit P10=P1^0
void main (void)
{
  P10=1;
  #pragma asm
```

```
    MOV R7, #10
DEL: MOV R6, #20
    DJNZ R6, $
    DJNZ R7, DEL
#pragma endasm
P10=0;
}
```

（五）在C51文件中调用独立的汇编语言程序

将汇编语言程序编写成与C51函数类似的独立文件，独立于C51程序文件之外，然后将其加入到Keil C51项目文件中。在Keil C51编译器中，提供了C51与汇编语言程序的接口规则，要求在C51中必须先声明（定义）要调用的独立汇编语言程序名，并且要求独立汇编语言程序与C51函数一样，具有明确的边界、参数、返回值和局部变量，这些规则保证了汇编语言能够正确地被C51调用。具体如下：

（1）在C51中定义汇编语言程序。通过在C51调用汇编语言程序的函数之前使用“ex－tern”声明被调用汇编语言程序的函数名称，即可直接调用汇编语言程序。“extern”的作用是暗示编译器声明的该函数为外部函数，存在于其他源文件中。

（2）C51声明函数与汇编语言程序的命名规则。为了使汇编语言程序段能被C51正确调用，除了必须在C51主调函数前声明被调用的汇编语言程序段外，还要在汇编语言程序中为汇编语言程序段指定对应名称（程序名）。C51声明函数与汇编语言程序的命名规则如表A－4所示。

表A－4　　C51声明函数与汇编语言程序的命名规则

C51主调函数的声明名称	对应汇编语言程序名称	说　　明
void fune（void）	FUNC	无参数传递或不含寄存器的函数名不作改变转入目标文件中，名字只是简单地转为大写形式
void fune（char）	_FUNC	带寄存器参数的函数名，前面加“_”前缀，表明这类函数包含寄存器内的参数传递
void fune（void）reentrant	_？FUNC	对于重入函数，前面加“_？”前缀，表明该函数包含栈内的参数传递

【例A－8】　本例不传递参数，延时程序用汇编语言编写，由C51主程序调用。

C51主程序main编写如下：

```
extern void delsy100 ()              //声明调用的汇编语言程序为外部函数，名称delay 100
void main (void)
{
  delay100 ()                        //调用汇编语言程序DELAY100
}
```

汇编语言程序DELAY100编写于独立的文件，如下：

```
? PR? DELAY100 SEGMENT CODE          //在程序存储区中定义段
```

```
PUBLIC DELAY100                    //DELAY100 为声明的汇编语言程序名称
RSEG? PR? DELAY100                 //函数可被连接器放置在任何地方
DELAY100：MOV R7，#10
        DEL：MOV R6，#20
             DJNZ R6，$
             DJNZ R7，DEL
                 RET
                 END
```

（3）汇编语言程序相关段的命名规则。只需给存放汇编语言程序的段指定一个段名即可。因为是在代码区内，所以段名的开头为 PR，这两个字符是为了和 C51 的内部命名转换兼容的，转换规律如表 A-5 所示。

表 A-5　　　　命名的转换规律

数据段类型	存储区	命名转换为段名	存储器模式
程序代码	CODE	？PR？汇编语言程序名 SEGMENT CODE	所有存储器模式
局部变量	DATA	？DT？汇编语言程序名？SEGMENT DATA	SMALL 模式
局部变量	PDATA	？PD？汇编语言程序名？SEGMENT PDATA	COMPACT 模式
局部变量	XDATA	？XD？汇编语言程序名？SEGMENT XDATA	LARGE 模式
局部 bit 变量	BIT	？BI？汇编语言程序名？SEGMENT BIT	所有存储器模式

例 A-7 中的 RSEG 为段名的属性，表示编译器可将该段放置在代码区的任意位置。当段名确定后，文件必须声明公共符号，如“PUBLIC DELAY100”语句，然后编写代码。

（4）参数的传递和返回值规则 Keil C51 在内部 RAM 中传递参数时一般都用当前的寄存器组，汇编函数要得到参数值时就自动访问这些寄存器，如果这些值已经被使用并保存在其他地方或已经不再需要，则这些寄存器可被用作其他用途。当函数接收 3 个以上参数时，将使用存储区中的一个默认段（参数传递段）来传递剩余的参数。用作接收参数的寄存器如表 A-6 所示。

表 A-6　　　　用作接收参数的寄存器

传递的参数	char、单字节指针	int、双字节指针	long、float	一般指针
第 1 个	R7	R6（高字节）、R7（低字节）	R4～R7	R1～R3
第 2 个	R5	R4（高字节），R5（低字节）	R4～R7	R1～R3
第 3 个	R3	R2（高字节），R3（低字节）	—	R1～R3

例如下面的函数：

funcl（int a）；“a”是第一个参数，在 R6、R7 中传递。

func2（int a，int b，int＊c）；“a”在 R6、R7 中传递，“b”在 R4、R5 中传递，在 R1、R2、R3 中传递。

通过固定存储区传递参数时，将 bit 型参数传到？function _ name？BIT 存储段中；

其他类型参数均传给？function _ name？BYTE 存储段。参数都按照预选顺序存放，固定存储区具体位置由存储模式默认指定。

函数 func3（long a，long b），“a”在 R4～R7 中传递，“b”不能在寄存器中传递，而只能在参数传递段中传递。

如果汇编语言程序有返回值，则必须在 RET 指令之前将返回值放入工作寄存器内，这样返回值才能被正常传递，函数返回值指定的寄存器如表 A－7 所示。

表 A－7　　函数返回值指定的寄存器

返回值类型	使用寄存器	说　　明
bit	CY	返回值在进位标志 CY 中
(unsigned) char，1 字节指针	R7	单字节类型经由 R7 返回
(unsigned) int，2 字节指针	R6、R7	返回值高位在 R6 中，低位在 R7 中
(unsigned) long	R4～R7	返回值最高位在 R4 中，最低位在 R7 中
float	R4～R7	32 位 IEEE 格式，指数和符号位在 R7 中
一般指针	R1～R3	存储器类型在 R3 中，高位在 R2 中，低位在 R1 中

【例 A－9】　下面是一个 C51 的 main 主程序调用含参数传递的汇编语言程序的例子，参数是通过规定的寄存器传递的，汇编函数将使用这些寄存器接收参数。

C51 代码如下：

```
bit devwait (unsigned char ticks, unsigned char xdata * buf); //C 程序中汇编函数的声明
main ()
 {
   ......                                              //省略的 C51 语句
  if (devwait (5, &outbuf))                            //调用汇编程序 _ DEVWAIT
     bytes _ out++;
   ......                                              //省略的 C51 语句
}
```

汇编代码如下：

```
? PR? _DEVWAIT SEGMENT CODE                            //在程序存储区中定义段
PUBLIC _ DEVWAIT                                       //汇编函数名
RSEG? PR? _DEVWAIT                                     //该函数可被连接器放置在任何地方
 _ DEVWAIT: CLR TR0
            CLR TF0
            MOV TH0, #00
             MOV TL0, #00
             SETB TR0
             JBC TF0, L1
             JB T1, L2
        L1: DJNZ R7, _DEVWAIT
            CLR C
```

```
        CLR TR0
        RET
L2：MOV DPH，R4
        MOV DPL，R5
        PUSH ACC
        MOV A，P1
        MOVX@DPTR，A
        POP ACC
        CLR TR0
        SETB C
        RET
        END
```

（六）SRC 控制

当源程序文件创建完成后，还需要在编译器中加入“src”选项控制，这时，编译器将汇编代码复制输出到 SRC 文件中，经过编译后才能得到 .obj 文件。如果编译时未用 SRC 控制，则 C51 中的汇编代码会被编译器忽略。

将嵌有汇编语句的源文件加入要编译的 Keil C51 工程文件，用鼠标右击该文件，如图 A－3 所示，点击弹出的快捷菜单中的“为文件‘2.C’设置选项”，然后弹出设置选项对话框，将该选项卡中“产生汇编 SRC 文件（S）”和“汇编 SRC 文件（R）”两项选中设置成黑体，如图 A－4 所示。

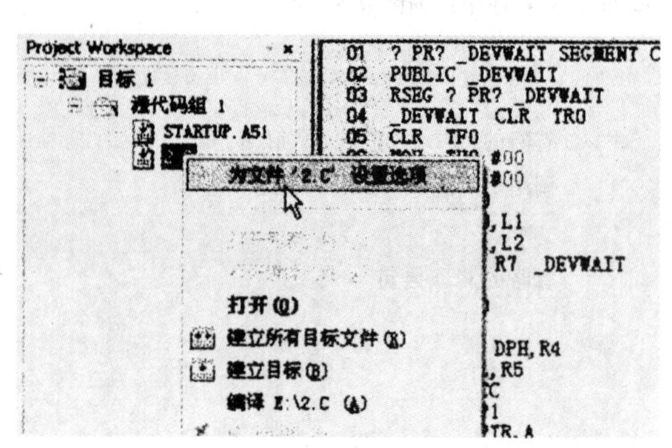

图 A－3　Keil C51 汇编程序文件设置选项

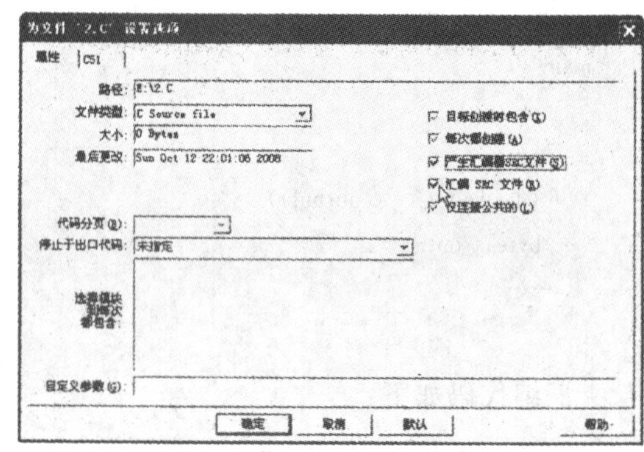

图 A－4　Keil C51 汇编 SRC 控制设置

附录B MCS-51 汇编语言指令集

1. 定义指令符号

符 号	说 明
Rn	目前所选定的寄存器组中的 R0—R7 寄存器
Ri	当前选中的寄存器区中可作为地址寄存器的两个寄存器 R0 和 R1（i=0，1）
direct	可简写为 dir，8 位直接地址，可以是内存 RAM 地址（00H～7FH）或 SFR（80H～FFH）
@Ri	通过 R0 或 R1 做间接寻址内部 RAM 的地址（00H～FFH）的前缀
＃data	8 位立即数
＃data16	16 位立即数，只有 DPTR 中才用到
Addr 16	LCALL 和 LJMP 指令中的 16 位目的地址，可寻址 64KB 存储器中的任何地址
Addr 11	ACALL 和 AJMP 指令的 11 位绝对地址，可寻址范围为 2KB 以内的 ROM
DPTR	数据指针
rel	有符号的 8 位偏移地址（Offset Address），其跳转范围－128～＋128B
bit	可直接位寻址的片内 RAM（20H～2FH），其地址为（00H～7FH）或 SFR（80H～FFH）
A	累加器
B	寄存器
(X)	某地址单元 X 中的数据
((X))	以地址单元 X 中的内容为地址，该地址单元中的数据

2. MCS51 汇编指令

指令格式（助记符）	指令功能说明	字节	周期
MOV A，direct	（direct）→（A）　直接单元地址中的数据→累加器 A	1	1
MOV A，＃data	＃data→（A）　8 位立即数→累加器 A	2	1
MOV A，Rn	（Rn ）→（A）　Rn 寄存器中的数据→累加器 A	1	1
MOV A，@Ri	（（Ri））→（A）　Ri 中的数据指向的地址单元中的数→A	1	1
MOV Rn，dir	（direct）→（Rn）直接寻址单元中的数据→寄存器 Rn	2	2
MOV Rn，＃data	＃data→（Rn）8 位立即数→寄存器 Rn	2	1
MOV Rn，A	（A）→（Rn）累加器 A 中的数据→寄存器 Rn	1	1
MOV dir，dir	（direct）→（direct）直接地址单元的数据→direct 单元	3	2
MOV dir，＃data	＃data→（direct）立即数→直接地址单元 direct	3	2

续表

指令格式（助记符）	指令功能说明	字节	周期
MOV dir，A	（A）→（direct）累加器 A 中的数据→直接地址单元 direct	2	2
MOV dir，Rn	（Rn）→（direct）寄存器 Rn 中的数据→直接地址单元 direct	2	2
MOV dir，@Ri	（（Ri））→（direct）以 Ri 中的数据为地址的单元中数据→direct	2	2
MOV @Ri，dir	（direct）→（（Ri））direct 单元中的数据→以 Ri 中的内容为地址的 RAM 单元	2	2
MOV @Ri，＃data	＃data→（（Ri））立即数→以 Ri 中的内容为地址的 RAM 单元	2	1
MOV @Ri，A	（A）→（（Ri））累加器 A 中的数据→以 Ri 中的内容为地址的 RAM 单元	1	1
MOVC A，@A＋DPTR	（（A））＋（DPTR）→A	3	2
MOVC A，@A＋PC	（（PC））＋1→A，（（A））＋（PC）→A	1	2
MOVX @DPTR，A	（A）→（DPTR）A 中的数据→DPTR 指向片外 RAM 地址中	3	2
MOVX A，@DPTR	（（DPTR））→A	3	2
MOVX A，@Ri	（（Ri））→A Ri 指向片外 RAM 地址中的数据→A 中	1	2
MOVX @Ri，A	（A）→（（Ri））A 中的数据→Ri 指向片外 RAM 地址中	1	2
PUSH direct	（SP）＋1→（SP），（direct）→（SP）堆栈指针首先加 1，直接寻址单元中的数据送到堆栈指针 SP 所指的单元中	2	2
PUSH A	将累加器 A 中的数据→堆栈顶端	2	2
POP direct	（SP）→（direct）（SP）－1→（SP），堆栈指针 SP 所指的单元数据送到直接寻址单元中，堆栈指针 SP 再进行减 1 操作	2	2
POP A	将堆栈顶端的数据→累加器 A	2	2
XCH A，Rn	（A）←→（Rn）累加器与工作寄存器 Rn 中的数据互换	1	1
XCH A，@Ri	（A）←→（（Ri））累加器与工作寄存器 Ri 所指的存储单元中的数据互换	1	1
XCH A，dir	（A）←→（direct）累加器与直接地址单元中的内容互换	2	2
XCHD A，@Ri	（A3－0）←→（（Ri）3－0）累加器与工作寄存器 Ri 所指的存储单元中的数据低半字节互换	1	1
SWAP A	（A3－0）←→（A7－4）累加器中的内容高低半字节互换	1	1
MOV DPTR，＃data16	＃data→（DPH），＃dataL→（DPL）16 位常数的高 8 位送到 DPH，低 8 位送到 DPL	3	2
ADD A，＃data	（A）＋＃data→（A）累加器 A 中的数据与立即数＃data 相加，结果存在 A 中	2	1
ADD A，direct	（A）＋（direct）→（A）累加器 A 中的数据与直接地址单元中的数据相加，结果存在 A 中	2	1
ADD A，Rn	（A）＋（Rn）→（A）累加器 A 中的数据与工作寄存器 Rn 中的数据相加，结果存在 A 中	1	1
ADD A，@Ri	（A）＋（（Ri））→（A）累加器 A 中的数据与工作寄存器 Ri 所指向地址单元中的数据相加，结果存在 A 中	1	1

续表

指令格式（助记符）	指令功能说明	字节	周期
ADDC A，direct	（A）＋（direct）＋（C）→（A）累加器 A 中的数据与直接地址单元的数据连同进位位相加，结果存在 A 中	2	1
ADDC A，#data	（A）＋#data＋（C）→（A）累加器 A 中的数据与立即数连同进位位相加，结果存在 A 中	2	1
ADDC A，Rn	（A）＋Rn＋（C）→（A）累加器 A 中的数据与工作寄存器 Rn 中的数据、连同进位位相加，结果存在 A 中	1	1
ADDC A，@Ri	（A）＋（（Ri））＋（C）→（A）累加器 A 中的数据与工作寄存器 Ri 指向地址单元中的数据、连同进位位相加，结果存在 A 中	1	1
SUBB A，direct	（A）－（direct）－（C）→（A）累加器 A 中的数据与直接地址单元中的数据、连同借位位相减，结果存在 A 中	2	1
SUBB A，#data	（A）－（Rn）－（C）→（A）累加器 A 中的数据与工作寄存器中的数据、连同借位位相减，结果存在 A 中	2	1
SUBB A，Rn	（A）－（Rn）　（C）→（A）累加器 A 中的数据与工作寄存器中的数据、连同借位位相减，结果存在 A 中	1	1
SUBB A，@Ri	（A）－（（Ri））－（C）→（A）累加器 A 中的数据与工作寄存器 Ri 指向的地址单元中的数据、连同借位位相减，结果存在 A 中	1	1
MUL AB	（A）×（B）→（A）和（B）累加器 A 中的数据乘以寄存器 B 中的数据，结果高字节存入寄存器 B，底字节存入累加器 A	1	4
DIV AB	（A）÷（B）→（A）和（B）累加器 A 中的数据除以寄存器 B 中的数据，结果的商存入累加器 A，余数存入寄存器 B 中	1	4
INC A	累加器 A 中的数据加 1，结果存在累加器 A 中	1	1
INC direct	（direct）＋1→（direct）	2	1
INC @Ri	（（Ri））＋1→（（Ri））寄存器的数据指向的地址单元中的数据加 1，结果送回原地址单元中	1	1
INC Rn	（Rn）＋1→（Rn）寄存器 Rn 的数据加 1，结果送回原地址单元	1	1
INC DPTR	（DPTR）＋1→（DPTR）数据指针的数据加 1，结果送回数据指针中	1	2
DEC A	（A）－1→（A）累加器 A 中的数据减 1，结果送回累加器 A	1	1
DEC direct	（direct）－1→（direct）直接地址单元中的数据减 1，结果送回直接地址单元中	2	1
DEC @Ri	（（Ri））－1→（（Ri））寄存器 Ri 指向的地址单元中的数据减 1，结果送回原地址单元中	1	1
DEC Rn	（Rn）－1→（Rn）寄存器 Rn 中的数据减 1，结果送回寄存器 Rn 中	1	1
DA A	累加器 A 中的数据做 BCD 调整	1	1
RL A	累加器 A 中的数据左移一位	1	1
RR A	累加器 A 中的数据右移一位	1	1
RLC A	累加器 A 中的数据连同进位标志位 CY 左移一位	1	1
RRC A	累加器 A 中的数据连同进位 CY 位 CY 右移一位	1	1
SWAP A	累加器中的数据高低半字节互换	1	1

续表

指令格式（助记符）	指令功能说明	字节	周期
CPL A	累加器中的数据按位取反	1	1
CLR A	累加器 A 清 0	1	1
ANL A，direct	累加器 A 中的数据和直接地址单元中的数据执行与操作，结果存在寄存器 A 中	2	1
ANL dir，#data	直接地址单元中的数据和立即数执行与操作，结果存在直接地址单元中	3	2
ANL A，#data	累加器 A 的数据和立即数执行与操作，结果存在累加器 A 中	2	1
ANL A，Rn	累加器 A 的数据和寄存器 Rn 中的数据执行与操作，结果存在累加器 A 中	1	1
ANL direct，A	直接地址单元中的数据和累加器 A 的数据执行与操作，结果存在直接地址单元中	2	1
ANL A，@Ri	累加器 A 的数据和工作寄存器 Ri 指向的地址单元中的数据执行与操作，结果存在累加器 A 中	1	1
ORL A，direct	累加器 A 中的数据和直接地址单元中的数据执行逻辑或操作，结果存在寄存器 A 中	2	1
ORL dir，#data	累加器 A 中的数据和直接地址单元中的数据执行逻辑或操作，结果存在寄存器 A 中	3	2
ORL A，#data	累加器 A 的数据和立即数执行逻辑或操作，结果存在累加器	2	1
ORL A，Rn	累加器 A 的数据和寄存器 Rn 中的数据执行逻辑或操作，结果存在累加器 A 中	1	1
ORL direct，A	直接地址单元中的数据和累加器 A 的数据执行逻辑或操作，结果存在直接地址单元中	2	1
ORL A，@Ri	累加器 A 的数据和工作寄存器 Ri 指向的地址单元中的数据执行逻辑或操作，结果存在累加器 A 中	1	1
XRL A，dir	累加器 A 中的数据和直接地址单元中的数据执行逻辑异或操作，结果存在寄存器 A 中	2	1
XRL dir，#data	直接地址单元中的数据和立即数执行逻辑异或操作，结果存在直接地址单元中	3	2
XRL A，#data	累加器 A 的数据和立即数执行逻辑异或操作，结果存在累加器 A 中	2	1
XRL A，Rn	累加器 A 的数据和寄存器 Rn 中的数据执行逻辑异或操作，结果存在累加器 A 中	1	1
XRL data，A	直接地址单元中的数据和累加器 A 的数据执行逻辑异或操作，结果存在直接地址单元中	2	1
XRL A，@Ri	累加器 A 的数据和工作寄存器 Ri 指向的地址单元中的数据执行逻辑异或操作，结果存在累加器 A 中	1	1
CLR C	清除进位标志 CY 为 0	1	1
CLR bit	清除 bit 为 0	2	1

续表

指令格式（助记符）	指令功能说明	字节	周期
SETB C	设定进位标志 CY 为 1	1	1
SETB bit	设定 bit 为 1	2	1
CPL C	将进位标志 CY 反相	1	1
CPL bit	将 bit 反相	2	1
ANL C，bit	将进位标志 CY AND bit 值相与，结果存进位标志位 CY	2	2
ANL C，/bit	将进位标志 CY AND bit 反相值相与，结果存进位标志位 CY	2	2
ANL A，#data	将累加器 A 的各位与立即数的相对位置相与，结果存 A 累加器	2	2
ORL C，bit	将进位标志 CY OR bit 值或，结果存进位标志位 CY	2	2
ORL C，/bit	将进位标志 CY OR bit 反相值或，结果存进位标志位 CY	2	2
ORL A，#data	将累加器 A 的各位与立即数的相对位置或，结果存 A 累加器	2	2
MOV C，bit	将 bit 值传送到进位标志位 CY	2	1
MOV bit，C	将进位标志位 CY 值送 bit 值	2	2
JC rel	当进位标志位 CY=1 就跳至 rel，否则执行下一条指令	2	2
JNC rel	当进位标志位 CY=0 就跳至 rel，否则执行下一条指令	2	2
JB bit rel	当进 bit=1 就跳至 rel，否则执行下一条指令	3	3
JNB bit rel	当进 bit=0 就跳至 rel，否则执行下一条指令	3	3
JBC bit rel	当进 bit=1 跳至 rel，并且清除此 bit 为 0，否则执行下一条指令	3	3
ACALL addr11	2KB 范围内子程序调用	2	2
LCALL addr16	64KB 范围内子程序调用	3	3
RET	子程序返回	1	2
RET1	中断服务程序结束返回	1	2
AJMP addr11	2K 范围内无条件跳转	2	2
LJMP addr16	64K 范围内无条件跳转	2	2
SJMP rel	在此指令的前 128 或后 128 范围内无条件跳转	2	2
JMP @A+DPTR	跳至@A+DPTR 所指定的地址	1	2
JZ rel	如 A 的内容为 0，则短跳转，负责执行下一条指令	2	2
JNZ rel	如 A 的内容不为 0，则短跳转，负责执行下一条指令	2	2
CJNE A，dir，rel	如 A 的内容与直接地址内的数据不同，则短跳转	3	2
CJNE A，#data，rel	如 A 的内容与立即数不同，则短跳转	3	2
CJNE Rn，#data，rel	如 Rn 寄存器中的数据与立即数不同，则短跳转	3	2
CJNE @Ri，#data，rel	如间接地址的数据与立即数不同，则短跳转	3	2
DJNZ Rn，rel	Rn 寄存器中的数据减 1，若不为 0，则短跳转，否则执行下条指令	2	2
DJNZ dir，rel	直接地址中的数据减 1，若不为 0，则短跳转，负责执行下条指令	3	2
NOP	CPU 仅仅作取指令，不动作	1	1

3. 常用伪指令

伪指令格式	指令功能说明	举例
ORG 16 位地址	用于程序的开始，指明此语句后面目标程序存放的起始地址	ORG 0030H
[标号:] DB 字节数据项表	将项表中的字节数据存放到从标号开始的连续字节单元中	SEG：DB 88H，“7”，“C”
[标号:] DW 双字节数据项表	定义 16 位地址表，16 地址按低位地址存低位节，高位地址存高位字节	TAB：DW 1234H，7BH
名字 EQU 表达式	给一个表达式赋值或给字符串起名字	SPACE EQU 10H
名字 DATA 直接地址	给 8 位内部 RAM 单元起个名字，名字必须是字母开头的字母数字串。同一单元可起多个名字	ERROR DATA 80H
名字 XDATA 直接地址	给 8 位外部 RAM 起个名字，名字规定同 DATA 伪指令	IO _ PORT XDATA 0CF04H
名字 BIT 位地址	给一可位寻址的位单元起个名字，规定同 DATA 伪指令	SWT BIT 30H
[标号:] END	程序到此结束	

附录C　微控制器原理归纳

一、引言

计算机已经成为许多工业、自动化和消费类产品的核心部件，可以应用在任何场合——超市里的收银机和电子秤、烤箱、洗衣机、闹钟、玩具、录像机、打字机、复印机等。在这些应用中，计算机起着控制的作用，它们与“真实世界”交换信息，控制设备的开启与关闭，监控设备的改善。在这些产品中常常会发现用到了微控制器（不同于微型计算机或微处理器）。

微处理器是硅片上在奇迹，它出现的时间还不到30年，但是已经很难想象没有它的世界会怎么样。1971年，INTEL公司发布了第一款成功的微处理器。不久之后，其他公司也发布了类似产品。这些集成电路芯片无法独自发挥作用，但却是组成单片机的核心部件。单板机很快就进入了各个大学和电子公司的设计实验室。

微控制器是与微处理器类似的一种器件。1976年，INTEL公司推出了MCS－48微控制器系列的第一个产品：8748。8748微控制器在一块芯片内集成了一个CPU（Central Processing Unit，中央处理器）、1KB EPROM（Erasable Programmable Read Only Memory，可擦可编程只读存储器）、64B RAM（Random－Access Memory，随机存取存储器），27个I/O（Input/Output，输入/输出）端口和一个8位定时器。8748及其后出现的MCS－48系列的其他产品很快就成为了控制场合的工业标准。

在1980年，INTEL公司发布的MCS－51系列的第一款芯片8051，它在功耗、大小和复杂程度都增加了一个数量级。继8051之后，INTEL公司相继推出了MCS－51系列的其他产品，一些公司也推出了类似的兼容产品。目前，8051系列已经成为应用最广泛的8位微控制器。

二、一些概念

计算机的定义包括两个重要概念：①能够在程序控制下处理数据，无需人的干预；②能够存储和调用数据。从更为普遍的意义上说，计算机系统还包括了执行人机交互功能的外围设备和处理数据的程序。各种设备称为硬件，程序称为软件。

图C－1中没有给出系统结构的细节，因此图C－1可以代表所有类型的计算机的结构。根据图C－1中的描述，一个计算机系统包括一个中央处理器（CPU），它通过地址总线、数据总线、控制总线和随机存储器（RAM）、只读存储器（ROM）相连，外围设备通过接口电路连接到系统总线上。

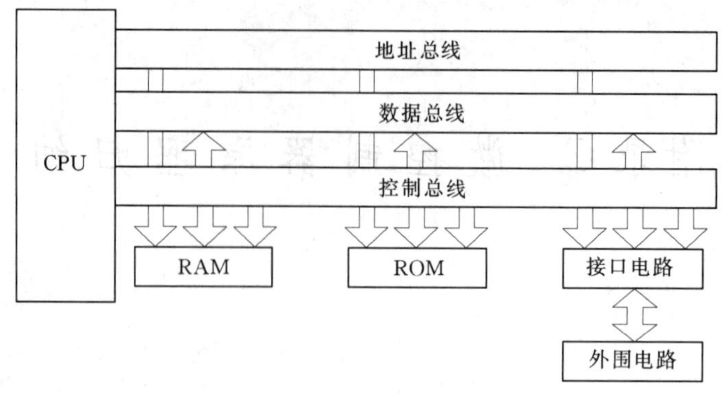

图 C-1　微型计算机系统框图

三、中央处理器（CPU）

CPU 是计算机系统的大脑，负责管理系统的所有活动并执行对数据的所有操作。CPU 并不神秘，仅仅是一堆逻辑电路而已。它不断地重复两件事：接收指令和执行指令。CPU 能够理解并执行由二进制代码组成的指令，每条指令代表一个简单的操作。这些指令通常用来执行数学运算（加、减、乘、除），逻辑运算（与、或、非），移动数据或转移程序，由一组称为指令集的二进制代码来表示。

图 C-2 是一张非常简单的 CPU 内部结构示意图。其中包括有一组寄存器，用于临时存储信息；一个算术和逻辑单元（Arithmetic and Logic Unit，ALU），用于对信息执行操作；一个指令和控制单元，用于决定 CPU 要执行的操作，把指令译码为完成操作所需要的一系列动作序列。另外还有两个额外的寄存器：指令寄存器（Instruction Register，IR）保存当前正在执行的指令的二进制代码，程序计数器（Program Counter，PC）保存将要执行的下一条指令在存储器中的地址。

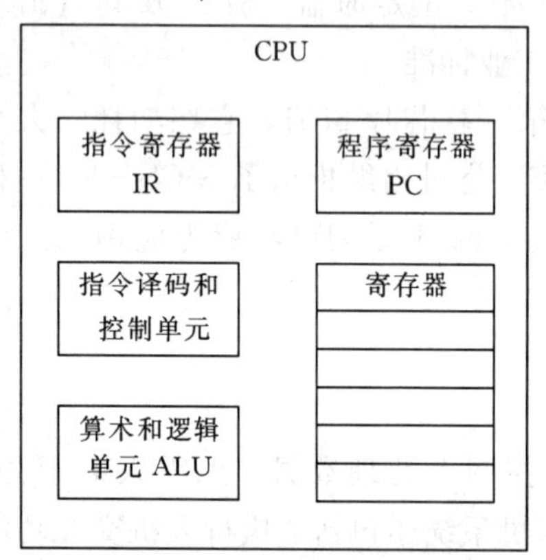

图 C-2　中央处理器 CPU

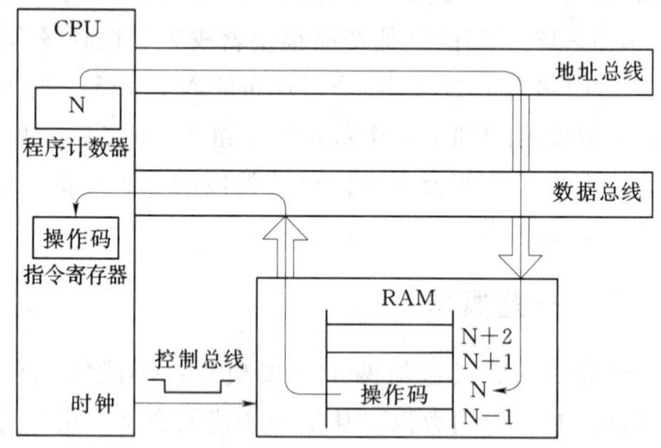

图 C-3　指令读取流程

从系统 RAM 或 ROM 读取指令是 CPU 最基本的操作之一。这个过程包括以下几个步骤：①程序寄存器中的地址被发送到地址总线上；②发出读取指令；③从 RAM 中读取数据（指令操作码）并发送到数据总线上；④操作码被锁存到 CPU 内部的指令寄存器中；⑤程序寄存器加 1，准备下一次读取。图 C-3 描述了以上流程。

在执行阶段，CPU 对操作数进行译码，产生控制信号，在内部寄存器和算术逻辑单元之间进行数据交换，并控制算术逻辑单元执行指定的操作。对于更复杂的指令，则需要多次操作才能执行完成。

组合在一起、能够完成某个有意义的任务的一系列指令就称为程序，也称为软件。

四、RAM 和 ROM

计算机的程序和数据存储在存储器中。由半导体集成电路构成的，可供 CPU 直接访问的存储器有两类：RAM 和 ROM。它们的区别有两点：①RAM 是可读写存储器，而 ROM 是只读存储器；②RAM 是易失性存储器（断电后存储内容消失），而 ROM 不是。

五、地址总线、数据总线和控制总线

总线是用于传送各种信息的一组线路。CPU 的外围连接着 3 种不同的总线：地址总线、数据总线和控制总线。在每个读写操作过程中，CPU 都会将数据或指令在存储器中的地址放到地址总线上，然后通过控制总线发送一个读或写的信号。读操作从存储器中指令的位置取出一个字节的数据并将它放到数据总线上，CPU 读取该数据并将它送入内部寄存器。执行写操作时，CPU 将数据送到数据总线上，存储器收到写操作控制信号后，把数据存入指定位置。

研究表明，CPU 有效工作时间的 2/3 被花费在了移动数据上，数据总线的宽度已经成为计算机性能的标志。如果一台计算机被称为“32 位计算机”则表明它拥有 32 条数据总线。

数据总线是双向传输的，而地址总线是单向传输的。这里所说的“数据”是广义的，在数据总线上传送的所有信息都被称为数据，可能是程序的指令，也可能是某条指令需要的地址，或者是程序要使用的数据。

控制总线由各种不同种类的信号组成，每个信号都有自己的功能，共同控制着系统活动的有序进行。通常控制信号是由 CPU 发出的时序信号，以保持地址总线和数据总线上数据传输的同步。CPU 不同，控制信号的名称和作用也各不相同，但通常而言，CLOCK、READ、WRITE 这三个信号是相同的，它们负责控制 CPU 和存储器之间最基本的数据移动。

六、微处理器和微控制器

微处理器是单芯片 CPU，而微控制器则在一块集成电路芯片上集成了 CPU 和其他电路，构成了一个完整的微型计算机系统。

微控制器的一个重要特点是内建的中断系统。作为面向控制的设备，微控制器经常要实时响应外界的激励（中断）。微控制器必须执行快速上下文切换，挂起一个进程去执行另一个进程。

微控制器不是用于计算机中，而用于工业和消费器产品中。使用这些产品的人们通常察觉不到微控制器的存在。对于他们来说，产品内部的元件只是无关紧要的设计细节。微波炉、空调、洗衣机、电子秤等都是这样的例子。在这些产品内部，电子元件将微控制器与面板上的按钮、开关、灯等连接在一起，用户看不到微控制器的存在。

计算机系统拥有反复编程的能力，与之不同，微控制器的程序只能固定地执行某个任务。这使得两者的结构有着巨大的差异。计算机系统的 RAM 要比 ROM 大得多，用户程序在相对较大的 RAM 中运行而硬件接口进程在 ROM 中运行；相反，微控制器的 ROM 要比 RAM 大得多。控制程序相对较大，存储在 ROM 中，而 RAM 只是用来临时存储。由于控制程序永久性地存储在 ROM 中，因此也被称作为固件。从持久性来说，固件介于软件（RAM 中的程序，断电后会消失）和硬件（物理电路）之间。软件和硬件之间的差别类似于纸张（硬件）和写在纸上的字（软件），固件则可比喻为一封为了特定目的而设计的标准格式的信。

附录D　无焊锡面包板

教学板前端，那块白色的、有许多孔或插座的区域，称之为无焊料的面包板。面包板连同它两边黑色插座，称之为原型区域（如图 D－1 所示）。

在面包板插座上插上元器件，比如电阻、LED、扬声器和传感器，就构成了本书中的例程电路。元器件靠面包板插座彼此连接。在面包板上端有一条黑色的插座，上面标识着“VCC”、“Vin”和“GND”，称之为电源端口，通过这些端口，可以给电路供电。左边一条黑色的插座从上到下标识着 P10、P11、P12、…、P37（共 18 个，部分端口并未标出）。通过这些插座，可以将搭建的电路与单片机连接起来。

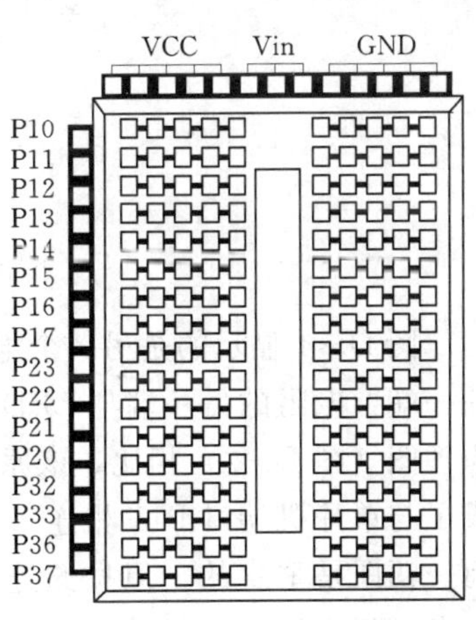

图 D－1　原型区域

面包板上共有 18 行插座，通过中间槽分为两列。每一小行由五个插座组成，这五个插座在面包板上是电气相连的。根据电路原理图的指示，可以将元器件通过这些五口插座行连接起来。如果你两根导线分别插入五口插座行中的任意两个插座中，它们都是电气相连的。

电路原理图就是指引如何连接元器件的路标。它使用唯一的符号来表示不同的元器件。这些器件符号用导线相连，表示它们是电气相连的。在电路原理图中，当两个器件符号用导线相连时，电气连接就生成。导线还可以连接元器件和电压端口。“VCC”、“Vin”和“GND”都有自己的符号意义。“GND”对应于教学板的接地端；“Vin”指电池的正极；“VCC”指校准的＋5V 电压。

如图 D－2 所示，用示意图表示元器件的连接。元器件符号图的上方就是该元器件的零件示意图。

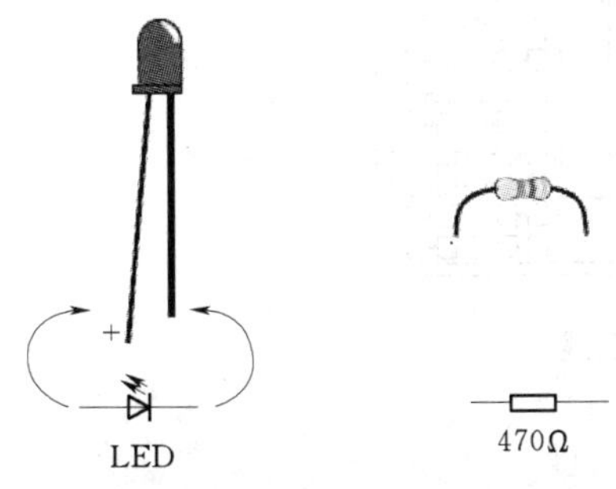

图 D－2　零件及符号（左边为 LED，右边为 470Ω 电阻）

在图 D－3 中，左边显示的是某电路原理图，而右边即为该原理图对应的配线图。在电路原理图中请注意：电阻符号（锯齿状线）的一端是如何与符号 VCC 相连的。在配线图中，电阻的一端插入了标有 VCC 的插座中。在电路原理图中，电阻符号的另一端用导线与 LED 符号的正极相连。记住：导线表示两个零件是电气相连的。相应的，在配线图中，电阻的另一端与 LED 的正极插入了同一个五口插座行。这样做使得这两端电气相连。在电路原理图中，LED 符号的另一端与GND符号相连。对应的，在配线图中，LED的另一端插入了标有GND的插座中。

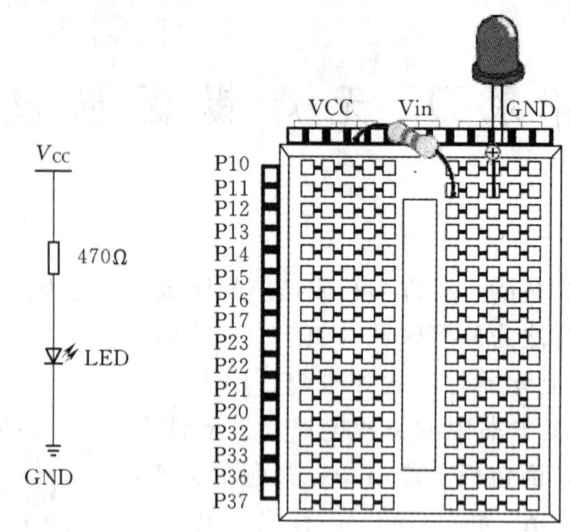

图 D-3 示意电路原理图及配线图

图D-4显示的是另一个电路原理图及配线图。在电路原理图中，端口P11连接电阻的一端，电阻的另一端与LED的正极相连，而LED的负极与GND相连。与前一个电路原理图（图D-3）相比，该原理图仅有一个连接上的区别：电阻连接VCC的一端现在换成了与单片机端口P11相连。看上去可能还有一个细微差别：电阻是水平画出来的，而前一幅图是垂直的。但按照连接上看，只有一个区别：P11取代了VCC。在配线图中，也做了相应处理：电阻之前是插入VCC插座中，而现在是插入了P11插座中。

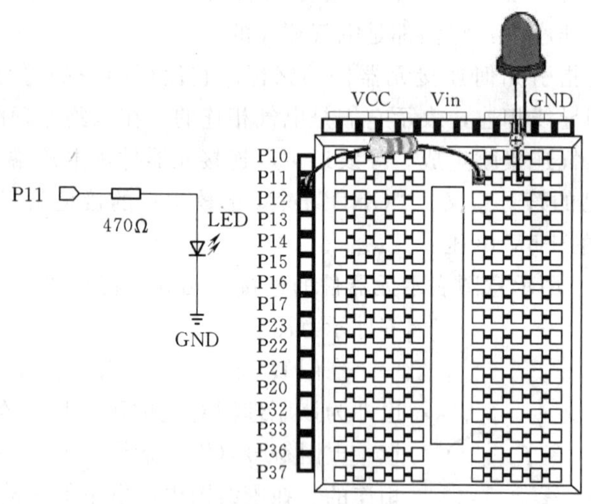

图 D-4 示意电路原理图及配线

附录E　LCD 模块电路

J1
LED−
LED+
D7
D6
D5
D4
D3
D2
D1
D0
E
R/W
RS
VO
VCC
GND
LCD1602
R1
10kΩ
R2
470Ω
S1
S2
S3
S4
R3
R4
R5
R6
10kΩ
R7
R8
R9
R10
1kΩ
JP2
HEADER 10X2
D5
D7
R/W
D4
D6
E
RS

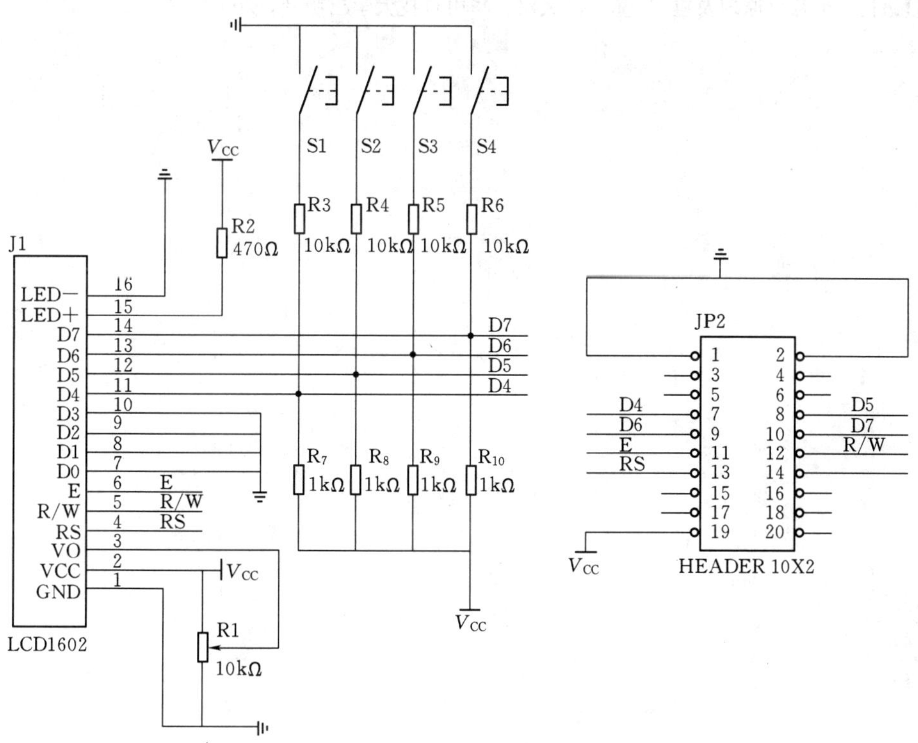

参 考 文 献

[1] 秦志强．C51单片机应用与C语言程序设计［M］．北京：电子工业出版社，2007.

[2] 张文灼．单片机应用技术［M］．北京：机械工业出版社，2009.

[3] 唐德礼．单片机原理及应用［M］．武汉：华中科技大学出版社，2005.